国 | 研 | 文 | 库

科技人才创新创业的动力机制研究

——基于浙江激发战略性新兴产业的实践与探索

潘宇峰 —— 著

光明日报出版社

图书在版编目（CIP）数据

科技人才创新创业的动力机制研究：基于浙江激发
战略性新兴产业的实践与探索／潘宇峰著．--北京：
光明日报出版社，2021.6
ISBN 978 - 7 - 5194 - 6163 - 8

Ⅰ．①科… Ⅱ．①潘… Ⅲ．①技术人才—人才培养—
研究—浙江 Ⅳ．①G316

中国版本图书馆 CIP 数据核字（2021）第 111845 号

科技人才创新创业的动力机制研究：基于浙江激发战略性新兴
产业的实践与探索
KEJI RENCAI CHUANGXIN CHUANGYE DE DONGLI JIZHI YANJIU：JIYU
ZHEJIANG JIFA ZHANLUEXING XINXING CHANYE DE SHIJIAN YU TANSUO

著　　者：潘宇峰

责任编辑：宋　悦　　　　　　　　责任校对：叶梦佳
封面设计：中联华文　　　　　　　责任印制：曹　净

出版发行：光明日报出版社
地　　址：北京市西城区永安路 106 号，100050
电　　话：010 - 63169890（咨询），63131930（邮购）
传　　真：010 - 63131930
网　　址：http：//book. gmw. cn
E - mail：songyue@ gmw. cn
法律顾问：北京德恒律师事务所龚柳方律师

印　　刷：三河市华东印刷有限公司
装　　订：三河市华东印刷有限公司
本书如有破损、缺页、装订错误，请与本社联系调换，电话：010 - 63131930

开　　本：170mm×240mm
字　　数：155 千字　　　　　　　　印　　张：10
版　　次：2021 年 6 月第 1 版　　　印　　次：2021 年 6 月第 1 次印刷
书　　号：ISBN 978 - 7 - 5194 - 6163 - 8

定　　价：85.00 元

序 言

　　科技人才是科技活动的主体，战略性新兴产业人才又是技术创新的源泉。尤其在当代，随着新技术革命深入发展，战略性新兴产业的科技人才在区域竞争中的地位与作用日益彰显。中国虽然是一个人口大国，但如何转变成为人才强国仍是一个亟待突破的命题。当前，我国对战略性新兴产业人才已愈发的重视，推动战略性新兴产业的发展，实施创新驱动是关键，目前由于我国战略性新兴产业人才培养与开发模式还相对滞后、人才结构还存在不合理性、人才管理机制还有些僵化、人才激励的政策不科学等因素的制约，我国战略性新兴产业人才培养力度已经很大，但需求量却一直在扩大。这就更加需要通过校企合作、人才结构优化、营造适合人才发展的环境、建立健全人才服务机制等措施来进行有效的应对。本书通过分析战略性新兴产业科技人才对现行体制机制的认知和评价、科技人才对完善创新创业激励机制的建议和期许，对浙江今后的政策建议等方面提出了自己的看法，为如何激发战略性新兴产业的科技人才创新创业指明了方向。

浙江是一个资源小省，土地、能源、原材料等生产要素短缺与经济可持续增长之间的矛盾日益突出。要跳出"资源依赖"型的发展模式，推动浙江省经济社会的转型发展，必须进一步解放思想，解放人才，解放生产力。近年来，浙江省为了充分地激发科技人才创新创业的内在潜力，最大限度地提高科技进步贡献率，促进我省经济社会又好又快发展，围绕对科技人才激励机制的评价以及如何进一步完善和优化激励机制等问题，开展了理论研究、问卷调查和实地调研，为下一步研究出台相关政策提供理论依据与对策建议。

在课题组调研过程中，浙江省科技厅有关处室领导和丽水学院科研与地方合作处的同志提供了支持和帮助，给予了悉心的指导，特别在调查问卷的设计和走访联络上提供了很大的帮助。在此，课题组全体成员表示衷心的感谢！由于课题组成员水平有限，书中不少内容还不成熟，甚至可能有谬误之处，敬请广大读者批评指正，不胜感谢！

潘宇峰

2020 年 12 月

目　录
CONTENTS

第一章

引　言

　　科学技术是指人类掌握、认识和应用客观自然规律的实际能力。在国际竞争日益激烈的全球化和知识经济时代，科学技术的发展成了一个国家持续发展的推动器，对战略性新兴产业的发展有着举足轻重的作用。人才指的是具有一定的专业知识或专门技能，能够进行创造性劳动并对社会做出贡献的人，是人力资源中的能力和素质较高的劳动者。科技人才作为知识和科技的载体，构成了将科学技术转化为实际生产力和竞争优势的中介桥梁，战略性新兴产业科技人才也随之成为提升国家核心竞争力的战略资源和实现国家跨越式发展的关键因素。科技人才是科技活动的主体，尤其在当代，随着战略性新兴产业新技术革命的深入发展，科技人才在区域竞争中的地位与作用日益彰显。中国虽然是一个人口大国，但如何转变成为人才强国仍是一个亟待突破的命题。2012 年 3 月，全球四大会计师事务所之一的普华永道公布的全球 CEO 年度调查显示：高达 54％的中国 CEO 认为，人力因素已经成为制约企业有效创新的掣肘，这一比例远远高于 31％的全球平均水平。如何提高科技人才的素质和能力，激发他们的创新活力，是有效提升中国全要素生产率的核心问题。

浙江是一个资源小省，土地、能源、原材料等生产要素短缺与经济可持续增长之间的矛盾日益突出。要跳出"资源依赖"型的发展模式，推动浙江省经济社会的转型发展，必须进一步解放思想，解放人才，解放生产力。鉴于此，为了充分地激发科技人才创新创业的内在潜力，最大限度地提高科技进步贡献率，促进浙江省经济社会又好又快发展，课题组开展了"战略性新兴产业激发科技人才创新创业的机制研究"，围绕对科技人才激励机制的评价以及如何进一步完善和优化激励机制等问题，开展了理论研究、问卷调查和实地调研，为下一步研究出台相关政策提供了理论依据与对策建议。

第二章

国内外相关理论启示和经验借鉴

第一节 相关激励理论对激发科技 人才创新活力的启示

以下着重从哲学、管理学和心理学角度，就如何对科技人才实施有效激励进行理论分析。

一、哲学的相关论述

古希腊伟大的哲学家亚里士多德在《形而上学》的开篇中提出，人才的成长和发展应具备三个条件：条件一，"惊异"。它是人们对自然现象和社会现象所表现出来的困惑和惊奇。有了惊异也就感受到了无知，自知无知者为了摆脱无知就要求知。通俗地说，它是要求人们有好奇心和求知欲。条件二，"闲暇"。知识阶层不用为着生活而奔波劳碌，因为整天从事繁重的体力劳动没有闲暇的人，是无法从事求知这种复杂的脑力劳动的。条件三，"自由"。知识是自足的，它不为别的什么目的而存在，它要求自由地思考、自由地发表意见，不受其他目的和利益的支配。

从以上三点看，第一属于自励范畴，第二、第三属于他励范畴。

二、管理学的相关理论

管理学家认为，从静态上看，激励是指能够激发人们长期努力工作的内在动力因素，是激发其行为，指明方向和强调坚持某种行为的力量，即激励等于激励因素；从动态上看，激励是指通过不断满足员工的需要，来调动员工积极性的管理方法。这时激励则是启动、激发、指导和维持某种行为的内在心理过程，通俗讲，激励就是设法调动员工工作积极性的过程与方法。激励可以分为物质性激励和精神激励。物质激励是对人的物质需要的满足。管理学家费雪从"经济人假设"出发，认为人们基本上是受经济性刺激物激励的，金钱及个人奖酬即物质激励是使人努力工作的唯一激励手段。物质激励一般包括工资奖金激励、实物激励、福利激励、股票和股票期权激励等。精神激励是对人的精神需要的满足。精神激励主要包括控制权激励、荣誉激励、关怀激励、信任激励、尊重激励等。

上述管理学理论，对为科技人才提供物质报酬，实施精神激励，加强薪酬和绩效管理提供了理论依据。

三、马斯洛的需求理论

美国心理学家亚伯拉罕·H. 马斯洛于 1943 年在其著作《人类动机论》中提出了需要层次理论。他把人类的基本需要从低级到高级归纳为五类，分别是生理需要、安全需要、社交的需要、尊重的需要和自我实现需要。这一理论主要包含三方面内容：一是满足了的需要不再具有激励作用，决定和影响人行为的只能是未满足的需要；二是各层次需求的出现具有"渐进"性；三是各层次需求的满足呈现出"逐级上升"的特点。他还指出，并不是所有人都呈现出五层次需求逐级递进的特点，如在有些人身上，自尊比爱更重要；有些人的志向水平永远停留在较低的需求层次上；而有些人则呈现出需求层次有跳跃性和颠倒性的特点等。总之，马斯洛认为，自我实现达成的主要途径在于基本需求的满足；而基本需求的满足本身是目的，但同时，它又是达到自我实现状态的手段。

科技人才与其他员工相比较，最大的特点就是对知识和科学技能的掌握，其劳动的准备周期较长，对劳动回报尤其是创新性劳动回报的期望值较高。当然，由于其普遍具备较高的文化素质，其需要的起点也较高。即使是在生活很艰难的环境下，科技人才对生理、安全需要的急切渴望也未必就是其全部的需要，也未必就是其全部的追求，更多的是反映出一种混合式的需要。在对科技人才做激励计划之前，应分析科技人才的实际需求，在满足其低层需求的基础上，应更注重满足其"自我实现"的需求，结合其他需求以实现更好的激励。

四、激励－保健因素理论

1959 年，美国心理学家、行为学家弗雷德里克·赫茨伯格在其专著《工作的激励因素》中提出了"激励因素—保健因素"理论，简称"双因素理论"。他认为，激励因素主要包括成就、认可、工作本身、责任、成长和发展的机会等。这些因素能够激发员工的成就感、责任感，调动他们努力工作的积极性，对员工有明显的激励作用。保健因素主要包括工作单位政策、管理措施、监督、与上级的关系、工作条件、人际关系、薪资、福利待遇和安全等因素。这些因素即使改善了，也只能消除职工的不满意，并不能充分激发其积极性。

"双因素理论"提示我们，不仅要运用保健因素原理，消除科技人才的"不满意"，更要运用激励因素原理，激发科技人才的工作积极性。在实践中，不仅要注意物质利益和工作条件等外部因素，更重要的是要注意工作的安排，给予科技人才充分的成长、发展、晋升的机会，注意对其进行精神鼓励，给予褒奖和认可，这样才能发挥长远、持续的激励作用。

五、公平理论

1967 年，美国行为科学家斯塔西·亚当斯在其著作《奖酬不公平时对工作质量的影响》中提出公平理论的基本观点。公平理论认为，人们工作的积极性不仅受到他们所得的绝对值的影响，还受到所得的相对值的影响。所谓的相对值，是指个人将自己对某工作的付出和所得与他人的付出和所得进行比较，或者把自己当前的付出和所得与过去的进行比较时的比值。通过比较，便产生了公平或是不公平感。

依据公平理论，从整个社会收入分配体系看，科技人才作为整个社会素质最高的群体之一，其社会地位和收入水平应当处于相对较高的水准。从局部的横向比较来看，创新绩效较为突出的个体如能获得相对较高的薪酬、相对较好的条件、相对更多的发展机会，才会消除科技人才内心的"不公平感"，才能驱动他们潜心研究、持续创造。

第二节　国内外激发科技人才创新创业经验借鉴

世界各国都比较重视对科技人才的激励，也确立与之相适应的激励机制，为我省建立合理和完善的激励体制，提供了借鉴意义。

一、国外的经验借鉴

总体上看，世界上主要的创新型国家激励科技人才创新创业的路径可以归结为三个层面：即政府与社会的宏观层面，用人主体的中观层面，以及人才自身的微观层面。

（一）宏观层面

在政府与社会这一宏观层面，世界上的创新型国家大多从发挥政府管理与服务职能、不断强化社会文化中的创新特质、积极营造创新环境等方面入手，深深影响着企业以及学术科研机构的创新行为与用人模式，驱动着科技人才迸发出创新创业的能力与活力。具体表现在以下八个方面：

1. 政府的职能定位比较合理

所谓政府职能是指行政权力（政府）应当而且必须向社会提供的、为社会所需要的服务。这一服务既不能"不及"，也不能"太过"。创新型国家通常表现出"小政府、大社会"的特点。作为国家创新体系的构建者和参与方，政府在创新体系内部的职能定位较为合理。在技术创新的前端，注重发挥政府的扶持作用；在技术创新的末端，注重发挥市场的调节作用。政府"看得见的手"与市场"看不见的手"之间，功能边界比较清晰。政府在尊重市场规律的基础上，注重对"市场失灵"的干预和对"政府失灵"的预防。例如，作为在世界技术创新中最为活跃的美国，州和联邦政府在技术创新中的作用主要表现在三个方面：一是建立有利于技术创新和产业技术发展的法规条款；二是政府对基础科学、公共福利和国防领域的研究开发给予大量资助；三是在市场竞争条件下扶持小型创新企业蓬勃发展。政府对企业、科研机构除了从法律、政策层面进行调节，或者进行投资和采购外，基本不干预具体的经营管理和技术创新行为。

2. 推行并适时更新创新战略

创新型国家一向认为创新是国家的最大实力，始终把创新作为国家战略加以规划，而且这一倾向自 20 世纪 80 年代以来尤为明显。其中，美国尤为突出。

布什政府：发布了《美国技术政策》《鼓励制造业的创新》，以促进科技进步来推动经济的发展和转型。

克林顿政府：陆续发布了《技术为经济增长服务：增强经济实力的新方针》《科学与国家利益》《技术与国家政策》以及《改变21世纪的科学与技术：致国会的报告》，将创新政策提高到了前所未有的高度。

奥巴马政府：提出"赢得未来"构想，并归结为"创新、教育和基建"三大超越；2009年、2011年先后发布了《美国创新战略：推动可持续增长和高质量就业》《美国创新战略：确保我们的经济增长与繁荣》，凸显了美国力图提升国家竞争力、巩固全球竞争优势的决心。

美国能够与时俱进地发展和更新创新理念，使国家创新战略走在全世界最前列。次贷危机之后，美国立即认识到不能依赖于金融创新和信贷消费拉动经济，开始重视国内产业尤其是先进制造业的发展，把"再工业化"作为美国重塑竞争优势的重要战略，发出了向实体经济回归的信号，其后，仅从2009到2011的两年间，美国创新战略又经历了一次更新，提出的战略目标更加明确，战略措施也更为具体。

再如，日本是市场经济国家中第一个制订全国科技规划的国家。政府多次召开有著名的科学家和行政首脑参加的联席会议，让科学家为制定科技政策、科技发展规划和重大科技咨询出谋划策。战后，日本的科技发展规划越来越明确，走过了从"贸易立国"到"技术立国"、从"技术立国"到"科学技术立国"、再到"科技创新立国"的发展道路，最终把以追求原始性科技创新作为国家发展的基本战略取向。日本政府于 2001 年在《科学技术基本计划》中提出的"科技创新立国"的基本国策，着力提高国家的原始性创新能力。在这一科技发展规划中，还包含了一个"诺贝尔奖计划"，即要在今后 50 年内获得 30 个诺贝尔奖。事实证明了日本政府战略决策的效果：自 1949 年汤川秀树问鼎诺贝尔物理学奖后，直到 20 世纪末，只有朝永振一郎和江崎玲于奈两人获物理学奖，福井谦一一人获化学奖，而在 21 世纪的第一个十年，就有小柴昌俊、益川敏英、小林诚等三人获物理学奖，白川英树、野依良治、田中耕一、铃木章等四人获化学奖，使日本在世界各国诺贝尔自然科学奖获奖人数排行榜上跃居世界第 8 位。

3. 注重打造良好的制度环境

首先是注重构建完善的社会保障体系。政府税收收入相当一部分用于民生领域，如医疗保障、失业救济、老年人的福利与保障等。如 2007 年美国政府在福利上的开支总计约 1.89 万亿美金，占联邦和州政府总收入的 45.0% 和全国 GDP 的 13.5%。这些措施为全体民众的正常生活和生命健康提供了基本的保障，不仅有力地维护了整个社会的安全和稳定，也为科技人才致力于创新创业免除了基本的后顾之忧。

其次是注重制定和实施激励创新的专门制度。创新本身是一种高投入、高风险、高收益的活动。创新会给其他主体带来利益，同时创新者本体的收益会小于创新的社会收益。这在一定程度上会损害创新主体的积极性，形成一种不求自主创新，等待机会搭便车的现象。这就会导致"剽窃"和"市场失灵"。针对这些问题。1787 年美国《宪法》就作了"保障作家及发明家对其作品及发明在限定期间内享有专有权，以奖励科学及实用技艺的进步"的规定。1950 年颁布了《国家科学基金会法案》。20 世纪 80 年代陆续颁布了《经济复兴税收法》《大学和小企业专利程序法》、《技术创新法》和《联邦技术转移法》。2007 年颁布了《美国竞争法》、2009 年颁布了《美国复兴与再投资法》等。美国还是最早实行政府采购政策的国家之一。在美国《联邦采购法》中，有专门针对技术创新成果采购方面的内容，政府技术采购所占的份额很大，政府采购一度达到其制造业的40%而且采购价格大都高于市场价格。芬兰作为自主创新大国，其政府采购充分发挥了扶植产业、引导需求，风险分担这三重机制的作用，也是各国推进高技术产业自主创新发展的成功典范。这些法律、制度均起到了鼓励、扶持和保护创新，放大创新收益的作用。

第三，注重发挥创新主体的主观能动性。政府对企业、研究机构等用人主体以及科技人才个体的经济行为和创新行为主要通过法律法规、金融杠杆、税收制度去调节，直接干预较少。如德国的科技发展奉行"科学自由、科研自治、国家干预为辅、联邦与各州分权管理"的基本原则。

4. 把研发投入作为重要的国家责任

近年来，经济合作与发展组织（OECD）发布的《主要科学技术指标》表明，世界上主要创新型国家的 R&D（Research & Development，研究与开发）投入强度一般都在2%以上。其中，以色列高达4%以上，瑞典、日本、芬兰超过了3.5%，美国、德国、瑞士、丹麦、奥地利超过了2.5%，法国、加拿大、比利时、澳大利亚达到2%左右。在主要创新型国家中，英国的 R&D 投入强度相对较低一些，尚未达到2%，但该国在 2004 年 7 月发布的《英国 10 年（2004－2014

科学与创新投入框架》中，提出了于 2014 年将研发投入所占 GDP 的比重提高到 2.5% 的目标。

5. 重视创新中公共物品的供给

创新中的公共物品主要涵盖三个方面。第一，基础研究和部分应用研究关系到某一产业或学科的未来发展，但从这些研究领域的投资中获取经济效益往往需要很长的时间；第二，通信与信息网络系统、风险投资交易市场、大型文献资料数据库等基础设施是创新的基本条件，不可能由单个企业、机构或行业来承担；第三，国家和社会的激励、保护创新的法律和制度框架也是一种公共物品。发达国家通过重视对创新中公共物品的供给，从源头开始鼓励和扶持技术创新，方便了信息的获得和传播，降低了创新的成本和风险。

在第一个层面，创新型国家投入到基础研究的经费占 R&D 经费的比重普遍高于 12%，美国、丹麦、挪威、以色列、西班牙等国的投入强度超过 15%，法国、澳大利亚等国高达 25% 左右，瑞士、意大利则趋近 30%。作为后来居上的创新型国家，韩国政府近期决定成立 50 个以基础科学为主的研究中心，每个中心每年投入 1500 万美元。

在第二个层面，发达国家投入大量资源建设科技基础设施。比如，随着科学文献与科学数据的迅猛增长，科研人员必须借助计算机与通信相结合的设备来处理、检索、利用这些文献与数据。互联网起源于美国，全球 13 台根服务器均在美国。而奥巴马政府近年再一次提出升级美国的信息高速公路，把信息技术视为 21 世纪基础设施的关键组成部分。美国国会图书馆、国家医学图书馆和国家农业图书馆等三大国家图书馆均建立了完备的文献数据库系统，并通过网站向科技人员免费开放。最近，欧美国家和部分亚洲国家陆续建设云计算数据库。日本总务省为了让透过因特网利用软件或信息服务的云计算能够普及，计划明春在北海道或东北设立云计算特区，目标在于构筑国内最大规模的数据库，投资额最高约是 500 亿日元（5.37 亿美元）。

第三个层面，前文已经做了阐述。

6. 大力扶持中小企业创新

美国一直把中小企业作为技术创新的核心力量，实施积极的扶持政策，具体在时间上可分成三个阶段：第一阶段大约起止于 20 世纪 30 – 50 年代末，政策目标主要是反垄断；第二阶段起止于 20 世纪 50 – 80 年代末，政策目标主要是维护小企业的竞争性地位；第三阶段则始于 20 世纪 80 年代末，政策目标是鼓励和发展小企业创新。

美国政府对中小企业的扶持政策主要体现在五个方面：一是政策性补助和扶持。政府设立"中小企业创业研究基金"，规定国家科学基金会与国家研究发展经费的 10% 要用于支援中小企业的技术创新。此外，《小企业技术创新法》还规定，每年研究开发经费超过 1 亿美元的政府部门，要将财政预算的 1.3% 用于支持中小企业开展技术创新和开发活动。二是贷款担保。《小企业法》授权小企业管理局作为难以通过正常渠道获得贷款的中小企业的贷款担保人，向中小企业提供各种形式的贷款担保。三是税收优惠。对中小企业的 R&D 投资采取减免税收的优惠政策，以鼓励中小企业的技术创新工作。20 世纪 90 年代，克林顿政府宣布了对企业的 R&D 投资给予永久性税额减免的优惠待遇，并将中小企业的先进技术长期投资收益税降低 50%。四是政府采购。美国联邦采购局专门设有小企业采购代表处，专门负责协调联邦政府向中小企业的商品采购。美国通过立法规定，政府采购合同的 23% 必须给中小企业。五是发展风险投资。美国政府 1958 年就推出了"小企业投资公司计划"。

为了帮助中小企业开展技术革新，德国政府也采取了许多行之有效的措施，如设立中小企业研发基金，对中小企业研发过程中的项目、设备或人员进行资助，以及通过优惠的税收政策等进行帮助，促进科技成果向市场转化。德国有大量的科技中介服务机构，在加强大学、科研机构和工业界的交流与合作，促进科研成果的转化和产业化等方面发挥了积极的作用。

一大批高科技中小企业的迅猛发展使美国、德国等西方国家经济持续走强，科技人才创新能力不断提升。根据美国国家科学基金会的研究，每一美元的研究和发展费用取得的创新数，小型企业是中型企业的 4 倍，是大型企业的 24 倍，小型企业的创新占全部企业创新的 55%。正是蓬勃发展的中小企业催生了史蒂夫·乔布斯和比尔·盖茨这样的创新领军人才和一大批富有创造力的科研人才。

7. 引进人才形成竞争激励

二战以来，西方发达国家根据本国发展需要，加大了争夺他国科技人才的政策力度，"按图索骥"网罗人才：一是通过向技术移民倾斜吸纳各国优秀人才；二是通过发放工作签证的方式吸收更多高科技人才到本国工作；三是将外国留美学生作为人才的后备力量；四是通过国际科技合作，在"互利原则"下利用别国的人才资源优势；五是直接到其他国家办企业或设立研究机构，抢夺所在国的人才资源；六是利用国际上的突发事件和其他国家的动荡招聘、引进智力资源。以美国为例，目前在美国高技术实验室中的高级科技人才中，60% 左右是非美国人。通过这些措施，发达国家一方面在国家层面上提升了创新能力，另一方面通过增大科技人力资源市场的供应量，形成了强大的竞争激励机制。

8. 宣扬崇尚创新与奋斗的社会文化

有学者认为，近代西方科学技术的迅猛发展与其社会文化特征紧密联系。德国社会科学家马克思·韦伯（1864～1920）在其代表作《新教伦理与资本主义精神》一书中开创性地提出了著名的"韦伯命题"：清教主义的扩散与发展直接促成了西方资本主义的发展。其后，美国科学社会学家罗伯特·金·默顿（1910～2003）在其著作中《十七世纪英格兰的科学、技术与社会》阐释了清教主义与科学之间的关系。在默顿看来，清教徒所坚信的对上帝的颂扬导致了功利主义的发展，因为现世的努力所获得的成就恰恰是对上帝的赞美与颂扬，善行被理解为现世的业绩，而节俭与刻苦勤奋正是赢得善行的不二法门。这种文化理念主导了职业的选择与教育的发展，从而推动了科技在资本主义社会里的发展。

作为一个移民国家，美国的民族文化特征有着强烈的个人主义倾向和自立精神：强调个人奋斗、崇尚个人成功的美国梦，对于风险和不确定性有着很强的适应性；渴望成功，乐于竞争；注重实际，不尚空谈；敢于冒险，勇于创新。美国政府、社会和各种媒体也一直不断宣扬和强化这种推崇创新与奋斗的文化特质。美国《时代》杂志撰文称："投资再大也买不来竞争文化。如果研究人员看不到回报的机会，他们不会带着自己的才能来到美国。"

德国为了激发国民的创新热情，将 2004 年和 2005 年定为"创新年"和"爱因斯坦年"。德国人不仅一直以"思想家的国度"激励自己，而且坚信传统的创新文化就是德国摆脱自然资源贫乏劣势、持续富强的一种基本力量，其核心就是德国人对"德国是世界的思想大工厂"的这种自信。英国首相布莱尔曾于 2002 年发表了"科学至关重要"的演讲，并在英国权威科学杂志《新科学家》上发表了题为"让牛顿自豪"的文章。他呼吁全英伦为科学创新与探索研究的整个过程展开服务。于是，英国政府终于启动了历史上第一次由政府主持制订的推动英国科学技术长远发展的"10 年科技发展规划"，希望以此锁定全体英国人民"服务于创新全过程"的具体目标。由此，"服务于创新全过程"成了此后十年英国创新文化建设的核心内容。

（二）中观层面

现代管理学、心理学和创新理论均起源于西方。在发达国家，用人单位运用多种方式激发科技人才的创新活力，主要有以下几个特点可供借鉴：

1. 实施完善的职业生涯规划

为科技人才制订良好的职业生涯规划、提供教育和培训的机会，这既是科技人才追求自我价值实现的途径，也是激励他们参与创新的有效途径。美国的高科技企业对科技人才注重目标激励，其中一个重要的操作方式是采用职业生涯设计。职业生涯设计是将企业的发展目标同科技人才的职业发展有效联系在一起的手段，它牵引科技人才朝着企业发展的目标努力奋进，开拓创新；同时，也让科技人才看到了自我发展，自我实现的愿景。像微软、IBM、英特尔、思科等公司都有细致周密的企业教育培训和员工生涯发展规划。日本的经营是以终身雇用、年功序列和企业工会三位一体的经营体制。它的特点是使员工进入企业以后终身都能得到培训和提高。日本企业人力资源开发与管理，注重人与人之间的"和谐"关系，并认为这种关系对经营管理的成败至关重要。为确保企业拥有优秀人才，日本往往不采用从其他企业、公司挖人、拉人的做法，而是制定了致力于培养人才，多从高等学府录用毕业生，长期进行培养的方针。

2. 建立高效的薪酬激励机制

为科技人才提供相对较高的薪酬，也是激励他们进行创新创业的有效途径。例如，英国的众多单位都对有突出贡献的人才实行倾斜政策，拨出专款大幅度提高他们的工资待遇。美国一流大学教授的平均年薪大约在15万美元左右，而2010年美国人均年收入为43223美元。除了创新型国家外，一些后发国家为了实施赶超战略，更是大幅提高高技术人才的薪酬待遇。比如，为了吸引和激励更多的优秀人才在印度创业，政府部门取消了对企业的限制，各大公司纷纷提高专业人才的薪金待遇，目前印度的高级公务员月薪不到2万卢比，而大多数软件公司技术人员的年平均工资则达到了100万卢比左右。

除了固定薪酬以外，用人单位还注重从科研经费中支取人员激励费用以及提高职务发明成果转化收益中发明人的分配比重等手段，激励能力强、绩效突出的科技人员。比如美国拨付给大学的管理费超过资助额的50%，德国超过25%。通过这样的资助方式，激励大学吸引最优秀的教授来申请尖端研究，获得管理费来充当大学的运营费用。

优秀教授的待遇自然提高，所以美国的大学一直保持着科研活力。再如，美国著名的麻省理工学院（MIT）规定，职务发明成果转化收益中，成果发明人的分配比重可超过70%。

3. 营造宽松自由的学术氛围

总体上看，在创新型国家，行政权力与为学术权力的边界较为清晰。以美国为例，在学术界，为了维护学术自由，美国大学教授协会于1915年成立，并发布了1915年关于学术自由和终身聘任制的原则声明，明确提出保护学术自由的原则。此后，美国大学教授协会相继通过1940年、1958年等一系列保护学术自由与终身聘任制原则的声明。这些举措从思想层面为保证基本学术自由奠定了思想和道德准则。从实现路径来看，美国的学术自由主要体现在以独立决策的学校（或研究机构）董事会为基本决策模式、以开放流动的全球青年精英人才政策为保障、以终身教授制度为核心、以严格设计的同行评议为资源分配依据。

在企业界，学术自由同样得到尊重。比如在著名的苹果公司，没有森严的等级制度，却有着"以下犯上"的企业文化。乔布斯在事务性的工作上经常事必躬亲，但在很多富于创造性的层面上却常常放手而不参与。虽然，在产品的开发过程中，乔布斯参与了很多重要决策的制定，但是苹果公司的决策并不总是自上而下的，头脑风暴是公司最常用的决策方式之一。乔布斯鼓励大家为产品的设计争论与辩论，因为这种方式最容易产生精准、有创意的想法。在苹果，只听到一种意见是不正常的，如果有必要，任何一位员工可以直接找合适的人谈，而不需要害怕是否越权，因为大家都只有一个共同的目标，那就是以最快最完美的方式解决问题。

4. 实施有效的进出机制

基于起步较早和相对完善的执业准入制度、社会福利体系和发达的人力资源市场、充沛而高素质的科技人力资源，同时由于经营管理自主权能够得到保证，发达国家的企业和学术机构得以建立了"择优选择、优胜劣汰"的人才进入与退出机制。这种机制一方面规范了职业入口的标准，向科技工作者提供了平等的参与机会和发展机会；另一方面又在无形中营造了一种危机感，起到了强大的竞争激励作用，驱使在岗位上的人们把遵守行为准则、不断完善自我、不断超越自我作为一种自觉行为。

5. 构建科学的评价机制

目前，除美国外，德国是诺贝尔奖得奖人数最多的国家之一，德国的科技创新能力居全球领先地位。德国科研学术机构在人才评价方面有以下主要特点：

一是用人单位在科技人才评价中享有较高的自主权。在德国，大学和科研院所有较高的自主权，围绕本校（院所）的教学和科研定位制定相应的评价指标，选择相应的评价方法，评聘各级人才，政府不过多干预。各大学对教授的选聘控制非常严格，教授职位根据专业需要和师生比例设置为固定数额，只有当教授因故空出职位后，才考虑招聘。这种做法保证了教授的质量，控制了教师的数量，保证高校具有较为合理的教师结构和师生比例。

二是科技人才选聘和评价的标准与过程具有公开性。不仅是在德国，公开性是发达国家科技人才选聘和评价制度中一个共同的显著特点。大学一经决定选聘教授，便会向其他院校及有关专业学会发出选聘信息，同时在全国专业报刊上刊登广告，在世界范围内广泛遴选。通过应聘、竞争、评价，有利于选贤任能，有利于大学间、大学与社会之间不同学术流派、学术观点和不同学风的交流，活跃了学术思想，促进了创新和国家整体科学技术的发展。

三是严格的科技人才评价条件及评价程序。德国与其他发达国家高校对教师（教授）都有着明确的评聘条件（指标），还具有一套严格的考核制度，通过相应的程序实现评价，以确保选聘教师的"名副其实"。如果没有严格的评价程序，标准的实施只能流于形式。这种评价和考核不仅适用于选聘教师（教授）时，而且贯穿于教师（教授）的日常管理、晋升评价等全过程。同时，用于各级各类科研项目的申请中。

四是规范、系统的科研与教学成果统计管理体系。德国许多大学都有一套行之有效的教师（教授）管理评价体系，包括相应的指标体系、数据库和组织机构，并且正在逐步同教师（教授）的选聘、评价工作相结合。其特点是制度化、规范化、多样化、管理专业化。这套管理评价体系，主要依靠专业的管理部门，通过网络和计算机系统得以实现，而并非由院系或教师（教授）个人填报和认定。

五是评奖少而精，重质量轻数量。在德国和一些发达国家，科技人才评价指标及其方法之所以能够比较有效地发挥相应作用，究其原因还包括：不搞"照顾""平衡""资历"性评聘，必须是学术水平和品德境界都达到一定高度的人才有可能进入精英层次；评奖少而精，由权威的学术机构评选，而非由政府评选；有比较完整、严格的评价监督机制，并体现在整个评价过程中。

在企业界，公平透明的评价机制在对科技人才的激励中也发挥着重要的作用。例如，英国企业已形成了比较完善的科技评价体系，企业中的评价机构实行严格的科技评价制度，充分重视评价过程中的公平问题。日本企业实施开放型研究评价体制，评价活动的规范与改进以及评价结果的合理使用，在日本企业的科研资源配置、人事制度改革等方面发挥了重要作用。

6. 重视年轻人的培养

由于青年时期既是人才成长的关键期，又是创新创业的"黄金期"，因此发达国家非常重视对年轻科技人才的培养、使用和激励。为改变德国学术界晋升制度过于严格以至于曾经让不少感觉无用武之地的年轻人远走他乡这一状况，从 2001 年开始，德国高校进行了晋升制度改革，实施"年轻教授计划"。澳大利亚的用人单位重视加强培养着眼于未来的博士和博士后人才。法国从 2005 年起积极推动"激励青年学者协作行动计划"，在政府的推动下，用人单位增加青年学者的职位，设立青年学者特别奖，开辟多种青年培训项目，在创建企业招标中支持年轻人创建企业。日本理化学研究所（RIKEN）专门拨款为青年科学家提供创新舞台：一是建立青年研究伙伴制度，择优支持不满 30 岁的博士在读后期博士在读博士研究生，在 RIKEN 主任研究员的指导下兼职从事课题研究；二是建立基础科学特别研究员制度，支持未满 35 岁、拥有博士学位、有潜力和创见的年轻学者，在自由的研究环境下，自主进行有关课题的研究，早期得到支持的很多基础科学特别研究员，现已成为各大学的教授；三是建立独立主干研究员制度，择优支持不满40岁、取得博士学位并有3年以上研究经历的优秀学者，为其配备相应的研究组，让其进行具有独创性的研究工作。

（三）微观层面

通过分析发现，基于宏观、中观层面的广泛影响，发达国家科技人才表现出较强的自我激励，主要包括三个方面：

1. 积极的自我激励

自我激励是指不需要外界奖励和惩罚作为激励手段，自我设定目标，努力工作的一种心理特征。例如，个人主义是美国文化的核心，它强调个人成就和个性至上，鼓励个人奋斗、冒险、拼搏，因此美国的科技人才，比较重视自我完善与提高，通常会设定合理的目标，把学习和实践看成是提高自身素质的重要途径，最大限度地发掘自我内在的作用和潜力。

2. 良好的科学精神

西方近代科学精神就其本质而言主要包括：批判精神、求实精神、理性精神、献身精神和臻善精神等几个方面。科技人才具备良好的科学精神可以更好地激励自己。例如，德国科技人才严格要求自己，追求求实精神、理性精神和臻善精神等，这不仅是激励自我的一种良好方式，也促进了德国创新创业的发展。

3. 端正的学术道德

由于宏观、中观层面的重视和强化，违反学术道德常常意味着毁掉自己的名誉、前途和工作，会付出得不偿失的代价，因此西方发达国家的科技人才比较重视自己的学术声誉。这些国家的科技人才能够自觉遵守学术道德，以健康的品格和内在的自律为其取向，对学术规范的本质、规范的价值以及规范于己、于人、于社会的意义和作用有理性的认识。能够实施自我立法，在研究中自我规定、自我约束、自我超越，自觉维护和遵守学术道德。

二、国内的探索与实践

（一）国家层面的进展

从宏观层面看，国家在推动科技人才创新创业方面，主要开展了四个方面的探索与实践。

1. 把"科教兴国"和"人才强国"纳入国家战略

"科教兴国"战略的形成和实施，可分为三个阶段。

一是准备阶段（1978~1994年）。这一时期的特征是邓小平科教兴国思想的提出和发展。在建设中国特色社会主义的伟大实践中，邓小平同志始终把教育发展和科技进步作为关系社会主义现代化建设全局和社会主义历史命运的根本问题，进行理论思考，提出战略设想。在1977年全国科学和教育工作座谈会、1978年全国科学大会和全国教育工作会议、1982年论述20年内中国发展战略的重点、1985年全国科技工作会议和1992年南方谈话中，邓小平同志先后多次深刻地论述了经济快速发展离不开科技进步、而科技进步又依赖于教育的关系，从战略的高度强调大力发展科技和教育的重要意义。邓小平同志从20世纪70年代后期到90年代初期形成和发展起来的依靠科学和教育进行现代化建设的科学论断，为提出和实施科教兴国发展战略奠定了坚实的理论基础。根据邓小平同志的这个战略思想，党中央在 1985 年先后发布了科技体制改革的决定和教育体制改革的决定，分别确立了"经济建设必须依靠科学技术、科学技术工作必须面向经济建设"和"教育必须为社会主义建设服务，社会主义建设必须依靠教育"的战略方针。1992 年，党的十四大依据建设中国特色社会主义理论，确定了 20 世纪 90 年代中国改革和建设的主要任务，江泽民同志在会上深刻指出"必须把经济建设转移到依靠科技进步和提高劳动者素质的轨道上来"。1993 年，党中央、国务院发布了《中国教育改革与发展纲要》，在关于建设中国特色社会主义教育体系的主要原则中明确提出，"教育是社会主义现代化建设的基础，必须坚持把教育摆在优先发展的战略地位"，并且提出了落实教育战略地位的重大举措。1994 年，党中央和国务院召开了全国教育工作会议，贯彻党的十四大和十四届三中全会的精神，进一步落实教育优先发展的战略，动员全党全社会认真实施《中国教育改革和发展纲要》。

二是形成阶段（1995～1996 年）。1995 年，党中央、国务院发布了《中共中央、国务院关于加强科学技术进步的决定》，召开了全国科技大会，首次正式提出实施科教兴国发展战略。江泽民同志在全国科技大会上阐明"科教兴国，是指全面落实科学技术是第一生产力的思想，坚持教育为本，把科技和教育摆在经济、社会发展的重要位置，增强国家的科技实力及向现实生产力转化的能力，提高全民族的科技文化素质"。重申"把经济建设转移到依靠科技进步和提高劳动者素质的轨道上来，加速实现国家的繁荣强盛"。同年，党的十四届五中全会在关于国民经济和社会发展"九五"计划和 2010 年远景目标的建议中把实施科教兴国战略列为今后 15 年直至整个 21 世纪加速中国社会主义现代化建设的重要方针之一。1996 年，全国人大八届四次会议正式通过了国民经济和社会发展"九五"计划和 2010 年远景目标，科教兴国成为我国的基本国策。

三是全面实施阶段（1997 年至今）。这一阶段的特点是从上至下加强了实施"科教兴国"战略的组织保证、法律保证和投入保证，加强了科教发展规划的制订和实施工作。1998 年经中央批准，国家科技教育领导小组成立。随后各省、市、自治区相应成立了科技教育领导小组。在投入保证上，1998 年 5 月，国务院办公厅转发了财政部《关于进一步做好教育科技经费预算安排和确保教师工资按时发放的通知》，首次提出各级政府财政部门保证预算内教育和科技经费拨款的增长幅度高于财政经常性收入增长的幅度。新修订的《科技进步法》从 2009 年 7 月 1 日开始实施。修订后的《科技进步法》明确了政府各部门在科技投入、统筹协调、政府采购、推进产业化等方面的责任；新增加了"企业技术进步"专章，把鼓励企业技术创新的政策措施法律化；明确了科研机构的权利和义务，有利于进一步营造良好的创新环境，给予科研机构长期稳定的支持，提供潜心研究的基本条件，充分调动科技人员的积极性。

"人才强国"战略的形成和实施，也可以分成三个阶段。

一是准备阶段（1978 ~ 1999 年）。改革开放之初，随着党和国家工作的重心转移到社会主义现代化建设上来，经济社会发展对人才的需求急剧增长，人才问题日益突出。1978 年 12 月，党的十一届三中全会之后，中央确立了"尊重知识、尊重人才"的国策，使大批知识分子和各类人才走上了经济建设的主战场。围绕人才队伍建设，党又确定了干部队伍建设"革命化、年轻化、知识化、专业化"的四化方针，全面落实知识分子政策，先后恢复高考招生制度、职称制度、院士制度，建立了博士后培养制度、享受政府特殊津贴专家、有突出贡献的中青年专家、"百千万人才工程"选拔制度，为推进经济建设和改革开放提供了强有力的人才保障。

二是形成阶段（2000－2002 年）。进入新世纪，国际国内形势的新变化，进一步把人才问题推到了国家发展的战略层面。基于对国际国内形势的分析判断，2000 年，中央经济工作会议首次提出："要制定和实施人才战略"。同年，党的十五届五中全会提出，要把培养、吸引和用好人才作为一项重大的战略任务切实抓好，努力建设一支宏大的、高素质的人才队伍。2001 年发布的《国民经济和社会发展第十个五年计划纲要》则专章提出"实施人才战略，壮大人才队伍"。这是中国首次将人才战略确立为国家战略，将其纳入经济社会发展的总体规划和布局之中，使之成为其中一个重要组成部分。2002 年，中共中央、国务院制定下发了《2002—2005 年全国人才队伍建设规划纲要》，首次提出了"实施人才强国战略"。该纲要可以说是对此前提出的国家人才战略的深化和系统展开。

三是全面实施阶段（2003 年至今）。2003 年 12 月，中共中央首次召开中央人才工作会议，下发了《中共中央、国务院关于进一步加强人才工作的决定》，突出强调实施人才强国战略是党和国家一项重大而紧迫的任务，并进一步明确了新世纪新阶段中国人才工作的重要意义、全面部署了人才工作的根本任务，制定了一系列有关方针政策。

2007 年，人才强国战略作为发展中国特色社会主义的三大基本战略之一，写进了中国共产党党章和党的十七大报告。由此，人才强国战略的实施进入了全面推进的新阶段。2010 年 5 月，党中央、国务院召开第二次全国人才工作会议，颁布了首个中长期人才规划——《国家中长期人才发展规划纲要（2010～2020 年)》。《规划》提出了"突出培养造就创新型科技人才"等三大任务、"实施有利于科技人员潜心研究和创新政策"等十大政策以及"创新人才推进计划"等十二项重大人才工程，《规划》对取消事业单位行政级别、改进人才评价方式等改革难点问题均有触及。这一《规划》的颁布实施使人才强国战略的推进和实施进一步提速。

2. 构建和完善国家创新体系

国家创新体系是社会经济与可持续发展的引擎和基础，是培养造就高素质人才、实现人的全面发展以及社会进步的摇篮，是综合国力竞争的灵魂和焦点，其主要功能是知识创新、技术创新、知识传播和知识运用。我国国家创新体系和创新战略的演化可分为四个阶段。

一是形成阶段（1949～1977 年）。这一阶段的主要特征是建立各类科研机构，制订国家科技发展计划，逐步形成国家创新体系。这个时期的科技规划主要有"12 年科技发展规划"等。这一阶段主要是为了国防安全的需要，中国的高新技术发展倾向于军事方面，在高能物理、化学物理、近地空间海洋科学等方面进行了不懈努力，"两弹一星"的成功研制是其重要的标志。

二是发展阶段（1978－1995 年）。这一阶段的主要表现是探索国家创新系统的发展模式和创新政策，出台了改革政策和措施。在这一时期，创新模式主要是计划主导模式，即设立国家科技计划，在国家科技计划中引入竞争机制。通过改革拨款制度、培育和发展技术市场等措施，使科研机构服务于经济建设的活力不断增强，科研成果商品化、产业化的进程不断加快，这一切都加速了我国国家创新体系的发展。国家先后出台了一系列的计划：国家重点科技攻关计划、高技术发展计划（863 计划）、火炬计划、星火计划、重大成果推广计划、国家自然科学基金、攀登计划等科技计划。与此同时，为迎接世界高新技术革命浪潮，中国也像许多国家一样兴办了很多科技园区，为科技创业提供孵化基地。

三是国家技术创新系统阶段（1995－1998 年）。在这一时期，突出了企业的技术创新模式，这一阶段的显著特点是确立了市场经济的目标，从企业做起，进行企业制度和产权制度的改革，强化企业的创新功能。宏观管理体制也发生了重大变化，从政府制订重大科技计划逐步转向由科技和经济主管部门联合制订，出现了新的参与对象，如国家工程中心（含国家工程研究中心、国家工程技术研究中心等），生产力促进中心等，加快了科技成果的商品化、市场化。1995 年，国家启动了"科教兴国"战略。1996 年，国家决定启动技术创新工程，重点是提高企业的技术创新能力。

四是国家创新系统阶段（1998 年至今）。1997 年 12 月，中国科学院提交了《迎接知识经济时代，建设国家创新体系》的报告。该报告提出了面向知识经济时代的国家创新体系，具体包括知识创新系统、技术创新系统、知识传播系统和知识应用系统，报告受到了国家领导人高度重视。1998 年 6 月，国务院通过了中国科学院关于开展知识创新工程试点工作的汇报提纲，决定由中国科学院先行启动《知识创新工程》，作为国家创新体系试点。至此，较为完善的国家创新体系架构基本确立。此后，国家又相继颁布实施了《国家中长期科学和技术发展规划纲要（2006～2020年）》《国家中长期教育改革和发展规划纲要（2010～2020年）》《国家中长期人才发展规划纲要（2010～2020年）》，这些规划奠定了中国21世纪初构建国家创新体系的基本路线。

3. 稳步推进科技体制改革

科技体制是科学技术活动的组织体系和管理制度的总称。它包括组织结构、运行机制、管理原则等内容。20世纪80年代以来，我国的科技工作按照"经济建设必须依靠科学技术，科学技术工作必须面向经济建设"的战略方针，围绕促进科技与经济相结合，加速科技经济一体化步伐进行的科技体制改革，取得了令人瞩目的成就。但是，科技体制改革的任务还远未完成，科技与经济脱节的问题没有得到根本解决，组织结构不尽合理，宏观管理体制尚未理顺，改革中创造的新的运行机制有待规范化和法律化。建立适应社会主义市场经济体制和科技自身发展的新型科技体制，仍然是当前我国科技工作的首要任务。1986年《中共中央关于科技体制改革的决定》颁布，把科技体制改革的主要内容确定为四个方面：

一是建立结构优化、布局合理的组织结构，按照"稳住一头，放开一片"的方针，大力加强技术成果转化为生产能力的中间环节，提高企业的技术吸收与开发、创新能力，促进科研设计机构、高等院校、企业之间的协作和联合，促进人才的合理流动；

二是建立市场经济与技术创新有机结合的运行机制，改革拨款制度，开拓技术市场，在对国家重点项目实行计划管理的同时，运用市场调节，提高科技机构的自我发展能力、增强为经济建设服务的活力；

三是建立科技机构和科技型企业的现代组织制度，实行政事分离，明确产权关系，改革人事制度，充分发挥科技人员的创造才能和积极性；

四是建立适应市场社会主义市场经济体制的宏观科学管理体制，转变各级管理部门的职能，加强宏观调控服务职能。

第二次全国人才工作会议以后，科技管理中越来越重视提升科技人才素质、激发科技人员的主观能动性。科技部 2011 年发布了首个科技人才规划——《国家中长期科技人才发展规划（2010～2020 年)》，并推出了《创新人才推进计划》等具体计划。通过上述几方面的改革，科技工作的总体格局和运行机制发生了深刻变革，对于激发创新活力起到了很好的协同作用。

4. 稳步推进教育体制改革

针对人才培育上存在的种种问题，1985 年中共中央颁布《关于教育体制改革的决定》，把国家教育体制改革试点的基本内容为三大类。

第一类是"专项改革"，包括 10 大试点任务：基础教育有 3 项，分别是加快学前教育发展、推进义务教育均衡发展和探索减轻中小学生课业负担的途径；高等教育有 3 项，分别是改革人才培养模式、改革高等学校办学模式和建设现代大学制度；另外 4 项是改革职业教育办学模式、改善民办教育发展环境、健全教师管理制度和完善教育投入机制。

第二类是"重点领域综合改革试点"，包括基础教育综合改革试点、职业教育综合改革试点、高等教育综合改革试点和民办教育综合改革试点。

第三类是"省级政府教育统筹综合改革试点"，旨在深化教育管理体制改革，探索政校分开、管办分离的实现形式。统筹推进各级各类教育协调发展。统筹城乡、区域教育协调发展。统筹编制符合国家要求和本地实际的办学条件、教师编制、招生规模等基本标准。统筹建立健全以政府投入为主、多渠道筹集教育经费、保障教育投入稳定增长的体制机制。

改革试点力争在人才培养体制、办学体制、管理体制、保障机制等四个方面取得新突破，为科技人才创新创业打好基础。

5. 稳步推进事业单位改革

事业单位是科技人员最集中的地方。理顺事业单位的管理机制，改革陈旧僵化的用人机制，是激发科技人才创新活力的重要抓手。

1992 年党的十四大提出，按照机关、企业和事业单位的不同特点，逐步建立健全分类管理的人事制度。2000 年，中央下发了《深化干部人事制度改革纲要》，明确了事业单位人事制度改革的方向。党的十七大报告和十七届二中、四中全会都明确提出，要分类推进事业单位人事制度改革。2009 年中办印发的《2010—2020 年深化干部人事制度改革规划纲要》和 2010 年的《国家中长期人才发展规划纲要（2010—2020 年)》，均对事业单位人事制度改革工作提出了明确要求。

在收入分配制度方面，2006 年，原人事部、财政部发布了《关于印发事业单位工作人员收入分配制度改革方案的通知》及其实施办法。2009 年 9 月，国务院常务会议决定在公共卫生与基层医疗卫生事业单位和其他事业单位实施绩效工资，并从 2010 年起，在全国事业单位全面实施绩效工资。

在社会保险方面，2009 年 1 月，事业单位养老保险制度改革方案下发，山西、上海、浙江、广东、重庆五省市先期开展试点。

在人员聘用与评价方面，2002 年，国务院办公厅转发了原人事部《关于在事业单位试行人员聘用制度的意见》，明确了聘用制度的相关政策规定。此后，全国实行聘用制的单位占事业单位总数的比例从 2004 年的 36%，逐步增加到 2009 年的 80%。2010 年，全国已基本建立聘用制度。同时，在人才评价方面，逐步推行专业技术资格评聘分离，扩大单位评价、用人自主权。

2010 年召开的十七届五中全会再次要求，积极稳妥地推进科技、教育、文化、卫生、体育等事业单位分类改革。2011 年 4 月初，中央确定了事业单位分类改革的时间表和路线图，共涉及超过 126 万个机构，4000 余万人。该表预计到 2015 年，中国将在清理规范基础上完成事业单位分类；到 2020 年，中国将形成新的事业单位管理体制和运行机制。

6. 实施海外高层次人才引进计划

2008 年 12 月，中共中央办公厅转发《中央人才工作协调小组关于实施海外高层次人才引进计划的意见》。海外高层次人才引进计划（简称"千人计划"），主要是围绕国家发展的战略目标，从 2008 年开始，用五到十年，在国家重点创新项目、重点学科和重点实验室、中央企业和国有商业金融机构、以高新技术产业开发区为主的各类园区等项目和机构中引进并有重点地支持一批能够突破关键技术、发展高新产业、带动新兴学科的战略科学家和领军人才回国（来华）创新创业。这是国家首次出台专项计划，大规模开展科技人才引进工作。迄今，全国已引进 7 批共 2263 名海归人才。实施这一计划既改进了全国科技人才队伍结构，也激励了本土人才进一步提升自身素质和创新能力。

（二）部分省市的探索与实践

近十年来，国内部分经济社会和科技发展水平处于前列的省市为了进一步保持先发优势地位，更加注重体制机制的优化与改进，以加大财政投入、大力引进培养、促进成果转化、放开政策壁垒、改进政府服务为手段，鼓励和扶持科技人才创新创业。其中，以下几个省市尤为突出：

1. 上海市的特点

上海作为改革开放和经济建设的桥头堡，具有创新资源集聚、科技人力资源丰富等特色和优势。上海根据自身特点，从抓培育提能力、抓管理提效益入手，激发科技人才的创新创业活力。

一是设立专门计划，引进和培养专业人才。上海独具战略眼光，在国内率先设立了一系列引进、培养科技人才的专项计划。如 1991 年设立"青年科技启明星计划"，专门发现和支持青年科技人才；2003 年启动了"交叉领域创新团队专项计划"，年拨 2000 万元培养创新团队和学科带头人，对每个入选的创新团队给予每三年 800 万元的经费支持；2005 年设立"浦江人才计划"，每年投入 4000 万，支持和鼓励海外高层次留学人员到上海工作和创业。

二是注重管理队伍建设与管理水平提升。早在 1979 年上海市科委就出台了《关于从事科学技术组织管理工作的科技人员定职升职的通知》，2003 年 11 月上海市科委与市人事局又联合下发了《上海市技术管理职业资格暂行规定》，进一步建立了"技术管理"职称系列，以培育一支高素质的职业技术管理人才队伍，从技术管理层面上保障技术创新体系建设。上海还在国内率先建设"科技管理干部学院"，加强对管理队伍的知识更新与培训。这些做法，把科技管理人才纳入科技人才体系，加强管理队伍的职业化建设，起到了事半功倍的效果。

2. 江苏省的特点

早在 1988 年，江苏省就在国内率先提出实施"科教兴省"战略，决定转换经济增长方式，从过去主要依靠廉价资源和廉价劳动力逐步转换到主要依靠科技水平和劳动者素质上来。"十一五"以来，江苏省在加大投入、优化机制方面做了不少开拓性的工作。

一是大力引才，注重创业。2006 年，江苏省委省政府颁布《关于加强人才资源开发工作的若干意见》（苏发〔2006〕29 号），在国内率先实施"高层次创业创新人才引进计划"。设立专项资金，每年从海内外引进 100 名左右高层次创业创新人才，对新引进的人才一次性给予每人不低于 100 万元的创业创新资金资助。而且，仅仅实施了一年，江苏就把"高层次创业创新人才引进专项资金"提高到了两个亿。2010 年，该省又在战略性新兴产业范畴引进以创业为目标的科技创新团队，引进的每个创新团队三年内将获得 300－800 万元的个人经费补助以及 1000－3000 万元的项目经费资助。属世界一流水平的创新团队，还将采取特事特办、一事一议的方式给予特别支持。

二是大步推进激励创新创业的政策机制。江苏省政府 2006 年出台了《关于鼓励和促进科技创新创业若干政策的通知》（苏政发〔2006〕53 号），共 50 条政策意见，简称"创新 50 条"，2011 年又发布了《关于加强企业创新促进转型升级的实施意见》（苏政发〔2011〕117号），共 23 条政策意见，简称"创新 23 条"。这些政策的特点是言简意赅、切中肯綮、重在治本、界定清晰、操作性强、含金量高，很多方面突破了国家的现行政策，显示出先行先试的勇气和魄力。比如为了推动成果转化与科技创业，"创新 50 条"规定："对高等学校、科研院所以及农业技术推广机构从事技术成果转让、技术培训、技术咨询、技术服务、技术承包等活动所取得的技术性服务收入，暂免征收企业所得税；高等学校与企业联合且由企业出资的横向科研课题的结余经费，允许用于由该项科技成果转化而兴办的科技企业的注册资本金，成果完成人可享有该注册资本金对应股权的 80%，学校享有 20%"。

3. 广东省的特点

广东省激励创新创业的政策特点是财政投入集约化、强度大，机制灵活。比如，"十二五"期间广东省财政将每年新增安排 20 亿元，五年共投入 100 亿元发展战略性新兴产业，重点投向高端新型电子信息、新能源汽车、LED 三大产业。再如 2009 年，广东省面向海外推出了"引进创新科研团队专项计划"，每个团队予以 1000 万至 8000 万元的经费支持，最高可达 1 亿元，财政投入力度位居全国首位。同时，为了保障引进团队创新创业的顺利实施，广东省委、省政府不仅突破性地提出省财政专项经费一次性下拨到位、30% 经费可用于人员费、

2%经费可自由支配等政策措施，而且将上述政策写入了《广东省自主创新促进条例》，并通过立法加以保障。

4. 南京市的特点

南京市的政策亮点在于破除职务发明成果转化收益分配中所谓"国有资产流失"等陈旧观念和制度桎梏。2012 年，南京市出台了《深化南京国家科技体制综合改革试点城市建设，打造中国人才与创业创新名城的若干政策措施》（宁委发〔2012〕9 号），其中规定：允许和鼓励在宁高校、科研院所和国有事业、企业单位科技人员（包括担任行政领导职务的科技人员）离岗创业，3 年内保留其原有身份和职称，档案工资正常晋升；允许和鼓励在宁高校、科研院所和国有事业、企业单位职务发明成果的所得收益，按至少60%、最多95%的比例划归参与研发的科技人员（包括担任行政领导职务的科技人员）及其团队拥有；科技领军型创业人才创办的企业，允许其知识产权等无形资产可按至少50%、最多70%的比例折算为技术股份；高校、科研院所转化职务科技成果以股份或出资比例等股权形式给予科技人员个人奖励，按规定暂不征收个人所得税。

（三）浙江的进展与问题

改革开放之初，浙江依靠引进"星期天工程师""共享院士"等"不为我有，但为我用"的灵活机制，依靠以"四千精神"为代表的浙江精神，突破要素和人才资源匮乏的制约，冲破僵化思想和陈旧体制的藩篱，走出了一条在危机中求发展的路子。进入新世纪，特别是"十一五"以来，浙江在激励科技人才创新创业方面，有以下几个特点：

1. 建立较完整的政策机制和"一体三翼"的工作格局

在政策机制上，省委、省政府 2006 年召开了全省自主创新大会，2007 年全面实施了"两创"总战略，2008 明确把"自主创新能力提升行动计划"作为"全面小康六大行动计划"之首来抓。"十一五"以来，相继出台了《中共浙江省委、浙江省人民政府关于加快提高自主创新能力，建设创新型省份和科技强省的若干意见》（2006 年）、《浙江省科技强省建设与"十一五"科学技术发展规划纲要》（2006 年）、《浙江省自主创新能力提升行动计划》（2008 年）、《关于加快推进创新团队建设的意见》（2008 年）、《关于大力实施海外优秀创业创新人才引进计划的意见》（2009 年）、《关于在推进经济转型升级中充分发挥人才保障和支撑作用的意见》（2009 年）、《关于印发国家技术创新工程浙江省试点方案的通知》（2009 年）、《浙江省中长期人才发展规划（2010～2020 年)》》（2010 年）等一系列加强推动人才创业创新的政策措施。

在工作机制上，我省在全国首批开展"市县党政领导科技进步与人才工作目标责任制考核"和"科技强市和科技强县"创建活动，并形成了组织部门牵头抓总，人力社保、科技、教育部门协同推进的"一体三翼"的工作格局。"十一五"以来，省科技厅形成了"环境、人才、平台、项目"四位一体的工作布局，改变以往单纯"以项目带人才"的人才工作模式，把持之以恒深化科技管理体制改革、优化科技资源配置和科技人才发展环境作为推动科技工作不断取得突破的根本出发点。

2. 设立一批直接激励人才创新的科技计划

"十一五"以来，省科技厅启动了"百千万科技创新人才工程"，设立了一系列直接支持科技人才创新创业的专项科技计划。其中，2006 年启动了"钱江人才计划"，较早地在国内对处于种子期和幼苗期的留学回国人员进行扶持，共资助青年归国人才团队 404 个，培养青年人才 2566 人；2007 年启动了"新苗人才计划"，在全国率先设立专项计划，提升高校本科生和硕士研究生的科技创新意识和能力，把科技人才工作阵地进一步前移，迄今共培育了"科技新苗"32455 人；2007 年设立了"高技能人才计划"，在全国率先设立专项计划，支持企业生产一线的高技能人才进行"小发明、小创造、小革新、小设计、小建议"等创新活动，迄今共资助了 248 个技能型科技人才团队，培养技能型科技人才 1685 人；2006 年至今，省自然科学基金共资助"杰出青年科学基金项目"189 项，在基础研究领域培养了一批青年战略科学家，2011 年又新增设了"青年科学基金项目"，支持 35 岁以下的青年科技人员自主选题和探索。2009 年以来，作为深化科技管理体制改革、创新人才培育模式的重要探索，浙江省在全国率先启动科技创新团队建设工作，省科技厅迄今已牵头遴选了三批共 130 个省重点科技创新团队。在团队命名和管理上，浙江省重点推出五项举措，建立激励科技人才创新创业的新机制。第一，团队由省委、省政府命名，强化激励作用；第二，在为期 3 年左右的一个支持期内，省财政每年对每个团队给予 100 万元的稳定扶持；第三，创新经费投向模式，团队经费由带头人分配，但带头人和核心成员不使用经费，经费定向用于团队青年成员围绕主攻方向自主设计的一般项目研究以及进修培养等活动，前两批团队共自主设立纳入省级科技计划的项目1295项，青年占了项目负责人总数的89.3%；第四，加大对科技人力资源的直接投入，允许劳务费提高到经费总额的四分之一；第五，下放科研自主权，团队依托省财政专项经费自主设计的项目，经省科技厅审核后，直接批准为省级科技计划项目。

3. 大力吸引省外高层次科技人才来浙创新创业

2009年以来，浙江共引进383名入选"国家千人计划"和"省十人计划"的海外高端人才，其中有95名入选"国家千人计划"，位居全国第四。2011年，浙江省决定在杭州市余杭区启动建设规划面积113平方公里浙江杭州未来科技城（浙江海外高层次人才创新园），该城被中组部、国资委确定为全国四个未来科技城之一，也是第三批国家级海外高层次人才创新创业基地。2011年浙江省委、省政府出台《关于在浙江杭州未来科技城（浙江海外高层次人才创新园）建设人才特区打造人才高地的意见》（浙委办〔2011〕153号），为落户科技城创新创业的高端人才提供特殊政策扶持，在科技项目布局和科研投入、创业投融资、税收优惠、建设用地、外汇账户管理与结汇、人才培养、生活保障等方面提供"最优"保障。上述文件规定：引入园区的国际一流的创业创新领军人才，将得到总额不低于1000万元支持；国内一流的创业创新领军人才及其团队，将得到总额不低于500万元支持；支持海内外高层次人才以技术入股或者投资等方式创办企业，允许其以商标、著作权（版权）、专利等知识产权（须在国内注册或登记并受保护）出资创办企业，非货币出资金额最高可占注册资本的70%；创办高新技术产业企业冠"浙江"省名的，注册资本放宽到

200万元；创办的中介服务企业和拥有自主知识产权的科技型企业组建企业集团的，母公司和子公司合并注册资本放宽到3000万元。

4. 引进大院名校、搭建公共平台为创新创业提供支撑

在打造承载人才的平台以及为创新创业提供条件支撑方面，浙江省除了与其他省市一样建设高新技术产业园区和各类科技孵化器以外，还针对浙江创新资源短缺的状况，着重抓了两方面的工作，以增量提质，集约利用资源，强化对创新创业的公共服务支持。

一是引进大院名校，共建创新载体。这项工作2003年启动，2005年省财政设立了专项经费进行持续的支持，2009年在临安区启动了规划面积为115平方公里的青山湖科技城（浙江省科研机构创新基地）的建设。迄今，全省共引进共建创新载体882家，（从国外、境外引进共建创新载体73家），在上述引进共建的创新载体中，以企业引进共建为主的664家，以政府为主的118家，以高校院所为主的100家。据2010年底的统计：这项工作计划总投资218.13亿元，已投资153.19亿元；已引进科技人员37158名（其中博士或副高职称以上的人才10062名），共承担科研项目15598项，已完成10032项，累计产生经济效益718.79亿元。在引进共建的创新载体中，出现了一批规模大，创新能力强，支撑经济社会发展作用明显的创新载体，如浙江中科院应用技术研究院、宁波工业技术研究院、中科院湖州技术转移中心、浙江清华长三角研究院等。

二是建好公共科技创新平台。从2004年起，浙江按照"整合、共享、服务、创新"的基本思路和"政府扶持平台、平台服务企业、企业自主创新，创新推动升级"的总体要求，以"跨单位整合，产学研

结合，市场化运作"的模式，采取股份制、理事会制和会员制等多种形式，共启动建设三类重大创新平台60个。迄今已投入资金37.11亿元，其中省财政投入占15.3%，地方政府占23.8%，自筹经费占60.9%。三类平台具体为："科技文献"等7个公共基础条件平台，"工业自动化"等26个行业平台，"温州泵阀"等27个区域平台。这些平台在推动资源共享、加快信息传播，提供公共服务方面的功能日益显现。

5. 强化创新创业的保障和纠偏机制

在保障体系建设方面。"十一五"以来，浙江更加重视专利开发和保护工作。省人大修订完善了《浙江省技术市场条例》《浙江省专利保护条例》《浙江省促进科技成果转化条例》等地方法规；省政府出台了《浙江省企业技术秘密保护办法》等政府规章；省科技部门牵头制定了《知识产权发展规划纲要》《浙江省应掌握的具有自主知识产权的关键技术和重要产品目录》《关于在科技工作中全面实施知识产权战略的若干意见》《知识产权、标准化、品牌战略实施计划》《浙江省区域知识产权创建与示范工作实施意见》《浙江省专利行政委托执法暂行办法》《浙江省发明专利引进项目经费管理办法（试行）》《浙江省专利权质押贷款管理办法》等重要政策文件；省科技、财政、税收、统计部门联合出台了《企业新技术、新产品、新工艺研究开发费用享受所得税优惠政策》，建立了自主创新政策落实例会制度，确保企业研发费加计扣除、高新技术企业所得税优惠等系列政策落到实处。

在运用金融工具推动创新创业方面，研究制定了《关于进一步促进科技与金融结合的若干意见》，积极推进杭州、温州、湖州开展国家科技金融试点工作；成立了注册资本金 3 亿元的浙江中新力合科技金融服务有限公司；"数银在线"开通科技金融服务平台，专门为中小企业提供金融信息服务；着手开展总贷款额 1 亿元的科技型中小企业贷款履约保证保险试点工作。目前，在浙的创投企业达 78 家，创投管理资本超过 300 亿元，创投机构和管理资本均居全国第 3 位，全省 300 多家信用担保机构累计为中小科技企业担保 7 万多次，担保总额达 1100 亿元。企业专利权质押贷款 2 亿多元。

在诚信监督体系建设方面，省科技部门制订了《浙江省科技计划项目评审行为准则与督查办法》，规范项目评审过程中有关单位和个人的科技项目评审行为；出台了《浙江省科技计划信用管理和科研不端行为处理办法》，对各有关科研单位、个人在参与和执行省科技计划项目中践行承诺、履行义务、奉行准则的诚信程度进行管理，并对违反科研行为准则者做出相应的行政处置。

通过多管齐下，浙江的创新能力稳步提升。至"十一五"期末，浙江省科学发展水平居全国第四位，科技进步水平居全国第七位，区域创新能力为全国第五位，知识获取能力和企业技术创新能力分别位居全国第七和第二位。2010 年，浙江省科技人力资源指数达 80.29，比"十五"期末上升 20.86，由全国第 13 位跃居全国第 6；R&D 人员达到 22.3 万人年，比"十五"期末增长 178.95%；每万人专业技术人员数、R&D 科学家和工程师数分别为 302.91 人和 14.77 人，分别比"十五"期末增长 18.50% 和 51.95%；全省发明专利、实用新型专利、外观设计专利授权量分别达 6410 件、47614 件和 60616 件，较"十五"期末分别增长 4.77、6.03、4.43 倍，浙江的专利申请与授权量一直名列全国前三位；"十一五"以来，浙江省 SCI 论文数、国际被引用篇数、表现不俗的论文篇数均位居全国第四位，基础研究领域的创新水平已进入全国前列；2010 年，浙江共有 18 项成果获国家科学技术奖。其中国家科技进步二等奖 15 项，国家技术发明二等奖 2 项，国家自然科学奖 1 项，居各省市前列；据全国工业企业创新调查数据显示，浙江规模以上工业企业中有 59.2% 的企业开展了创新活动，比全国 28.8% 的平均水平高出一倍。

6. 存在的问题

浙江在科技人才的数量、质量、结构等方面，存在以下问题：一是总量未与经济社会发展的需求相适应，万人专业技术人员数居全国第 11 位。二是源头创新能力不足，专利申请量、授权量虽居全国第 3，但发明专利占全部专利的比重低于全国平均水平。三是区域、产业和单位分布不合理，人才主要集中在高校院所和发达地市，企业 R&D 科学家和工程师占全社会 R&D 比重仅列全国第 17 位，企业具有高级职称的人才比重不到事业单位的三分之一；科技人才在机械、纺织、五金等传统行业较为集中，而新能源、新材料、生物医药、信息系统等高新技术产业的研发人才不足。四是缺乏高水平、创新型的领军人才，如两院院士、国家杰出青年科学基金获得者的数量与发达省市差距很大。五是缺乏高端育才聚才平台，全省普通高等学校仅有 80 所，其中入选"211""985"工程的高校仅 1 所，大的科研院所和企业也很少。

浙江在激发科技人才创新创业的政策机制上存在"松绑不够、推力不足、保障不全"等不足，主要表现在以下方面：一是政策创新不足，在消除不适应创新创业要求的体制机制障碍上突破的力度不够；二是政策的着力点挖得不够深，很多新出台的政策仍着眼于"治标"，没有着眼于"治本"，没有着眼于构建长效机制；三是投入力度不足，同时经费在支出口径上尚未扭转"重物轻人"的倾向；四是顶层设计仍然不够，不同部门间的政策合力需要加强；五是针对近期目标与长远目标、源头创新与引进消化再创新以及针对技术创新的不同阶段，在资源配置比重上需要进一步优化；六是人才培育体系不完备，研发和技能类人才的培育体系相对完备，而创业、管理、服务类人才的培育没有得到应有的重视。

第三章

调查基本情况

第一节　问卷的设计

调查问卷以"了解科技人才最实际的需求"为根本出发点，从"科技人才的管理体制、培养开发机制、评价激励机制、流动和配置机制、创新文化环境培育"五个方面进行问卷内容设计，紧扣科技人才成长的实际情况，层层展开。

为了使调查问卷更为科学合理，研究结果更具可靠性和有效性，本研究遵循国内外学者研究所提出的比较成熟的度量指标的原则，结合浙江省实际加以修正和综合。在原始量表测度指标的引用方面，为尽量避免语言上的差异，本研究按照一定的惯例，采用直接翻译，结合反译的方法，并在项目团队内部进行了广泛讨论和多次修改。每项问卷量表初步设计完成后，本研究直接向 10 位科技管理人才征询意见，以查验问卷量表的表面效度，与每人各交流了 3 次，并记录下了他们的反馈意见，如应注意问题的表达方式、语言的学术化倾向等问题。而后，结合前期的文献研究和科技人才的意见，并征询一些专家建议，对量表进行了适当修正，最后形成一致的问卷量表。

本次问卷共包括三个部分：第一部分是背景情况调查，包括个人基本情况和所在单位情况；第二部分是有关科技人才管理体制和机制调查；第三部分是科技人才创新创业相关激励措施调查。问卷包括单项选择题、多项选择题和开放性主观文字题三种题型，答卷人可以根据自己的体验选择更贴近实际情况的相应选项作答单选题，以提高答案的确定性；多选题主要集中在科技人才的内容需求方面，可以同时选择多个选项，也可以自己补充未列内容，充分表达自己的需求；主观文字题主要集中在"意见和建议"板块，需要以文字论述形式提出具体的意见和建议，以增强答案的具体操作性。

第二节　调查对象

对于科技人才的定义目前还没有统一的认识，有的学者认为科技人才是科技精英，如享有政府特殊贡献津贴的科技人员才是科技人才；有的认为持有大学以上科技专业学历证书的人才是科技人才；还有部分学者认为科技人才是科技人力资源，也是科技活动人员，甚至是科技研究开发（R&D）人员。本次调查所指的科技人才主要是具有一定的专业知识或专门技能，从事创造性科学技术活动，并对科学技术事业及经济社会发展做出贡献的劳动者。结合浙江省中长期人才发展规划，本次调查将科技人才分成科技型企业家、科技研发人才、科技管理人才、科技服务人才和科技型高技能人才五支队伍，将行政机关、高等学校、科研院所和科技型企业的科技人才都包括在内，在调查对象选择上坚持了既保持广泛性又突出重点的原则。

第三节　调查手段

本次调查采用网络在线调查、实地调研两种方式进行。为方便相关被调查者填写问卷，并有效保证问卷的填写质量，本次调查通过网络问卷调查与当面发放书面问卷相结合的形式进行，并以网络问卷调查为主。在网络调查环节，被调查者只需访问问卷调查的页面，网上填写并提交即可，大幅度减少了问卷发放和回收的环节，提高问卷的填写和回收效率。实地调研则先后走访了杭州、宁波、绍兴、湖州、台州、丽水、金华、衢州等地的科技管理部门以及数十家高校、院所和企业，历时2个月对首批50个省级重点科技创新团队逐一进行实地调研与评估。本次调查从2011年11月初开始，2012年1月中下旬结束，历时近三个月。整个调查过程由浙江省科技厅人事处负责问卷的发放和回收，并对回收的问卷进行编码和统计分析。同时，对被调查者在填写问卷过程中遇到的问题，给予及时的解答。

第四节　问卷的回收

本次调查共发放问卷3200份，共回收2500份，其中有效问卷

2323 份，回收率为 78.13%，有效率为 72.59%，达到研究样本的标准。本次调查覆盖全省 11 个地市，其中来自高等院校的样本 1315 份、科研院所 235 份、其他事业单位的 181 份、企业 474 份，样本具有较合理的地域和行业分布。在事业单位回收的问卷中，部属单位占 442 份、省属单位 1020 份、地（市）属单位 167 份、县（区、市）属单位 102 份。从对调查样本的分析来看，本次回收的 2323 份有效样本中，科技型企业家、科技研发人才、科技管理人才、科技服务人才、科技型高技能人才均有涉及，且其中有 1727 人（占此次调查总人数的 74.34%）先后参与过不同类型、级别的科技项目。

由此可以看出，本次调查的对象是浙江省在科研一线工作的科技人才，是浙江省科技人才中最活跃的群体，他们所反映出来的问题，也代表了浙江省科技管理体制中的主要矛盾。

此外，在统计分析中，对于单选题首先从总体上进行描述性分析，然后再针对行政单位、事业单位和企业三个类别，以及事业单位中的部属单位、省属单位、地（市）属单位、县（区、市）属事业单位的四个层面进行差异性比较运算，对有显著差异的再进行深入分析。对于多项选择题的统计分析，由于无法在上述三个类别和四个层面之间进行精确的差异性比较运算，所以主要使用构成比进行定性描述，先对总体情况进行分析，再对上面提到的三个类别和四个层面各自的主要特点进行描述。

第四章

科技人才创新创业机制调查剖析

第一节　样本统计与数据处理

一、样本统计描述

对样本进行分类统计处理和汇总，年龄及学历分布情况见表4-1，单位、工作类别分布情况见表4-2，表4-3给出了技术职称和人才类别的分布情况。

表4-1　年龄及学历分布

年龄分布	频次	百分比（％）	学历	频次	百分比（％）
25岁及以下	42	1.8	博士及以上学历	804	34.6
26~35岁	1026	44.2	硕士	794	34.2
36~45岁	815	35.1	本科	549	23.6
46~55岁	402	17.3	大专	145	6.2
56岁及以上	38	1.6	高中及以下	31	1.3

表4-2 单位、工作类别分布情况

单位	频次	百分比（%）	工作类别	频次	百分比（%）
高等院校	1315	56.6	科学研究工作	1275	54.9
科研院所	235	10.1	工程设计与技术开发	321	13.8
其他事业单位	181	7.8	科学技术服务	234	10.1
企业	474	20.4	科学技术管理	346	14.9
其他	118	5.1	科学技术普及工作	35	1.5
			其他	112	4.8

表4-3 技术职称和人才类别分布情况

技术职称	频次	百分比（%）	人才类别	频次	百分比（%）
正高级	331	14.2	科技研发人才	1482	63.8
副高级	762	32.8	科技管理人才	369	15.9
中级	881	37.9	科技服务人才	291	12.5
初级	191	8.2	科技型高技能人才	91	3.9
无职称	158	6.8	科技型企业家	90	3.9

二、数据处理

在"科技人才对现行体制机制的认知和评价"部分，调查组分别归纳了五个方面进行了分析。为了定量分析与比较不同组织科技人才的认同度，在参照李科特量表法的基础上，将问题中的五个答案按照

4，3，2，1，0分别赋值，然后借助SPSS11.5统计软件，计算了浙江省行政单位、事业单位和企业科技人才评价分值的差异，以及事业单位中，部属单位、省属单位、地（市）属单位、县（区、市）属事业单位的科技人才评价分值的差异，按照方差检验的标准，在满足方差齐次性检验的基础上，按照显著性小于0.05的标准，选取具有显著性差异的题项，对来自不同组织或不同层级事业单位的差异进行了比较，给出了最终的分析结果。

第二节　科技人才对现行体制机制的认知和评价

一、对"管理体制与创新环境"的评价

（一）对"科技人才受重视程度"的评价

调查数据总体表明，被调查者对我省科技人才受重视程度感到非常满意、比较满意、不太满意和非常不满意的所占的比重分别为：25.7%、55.1%、13.5%和2.1%，见表4-4。

通过对行政机关、事业单位和企业的样本进行比较发现，来自这三类单位的被调查者对这个问题的回答没有显著差异。对来自事业单位的样本进行分析发现，各级事业单位的被调查者对当前浙江省科技人才的重视程度感到非常满意的分别为：24.0%、23.6%、34.7%和

32.4%，选择比较满意的分别为57.5%、55.5%、49.1%和43.1%，选择不太满意的分别为12.0%、15.1%、12.6%和16.7%，完全不满意的分别为2.7%、2.5%、2.4%和2.0%，见表4－5。

表4－4 对我省对科技人才的重视程度的评价（不同类型单位）

单位	评价	非常满意	比较满意	不太满意	完全不满意	不了解
总体	频次	598	1279	314	49	79
	百分比	25.7	55.1	13.5	2.1	3.4
行政机关	频次	11	27	5	1	65
	百分比	22.0	54.0	10.0	2.0	10.0
事业单位	频次	438	943	245	43	58
	百分比	25.3	54.0	14.2	2.5	3.4
企业	频次	127	261	49	4	14
	百分比	27.8	57.1	10.7	0.9	3.1

表4－5 对浙江省对科技人才的重视程度的评价（不同层级事业单位）

单位	评价	非常满意	比较满意	不太满意	完全不满意	不了解
部属单位	频次	106	254	53	12	17
	百分比	24.0	57.5	12.0	2.7	3.8
省属单位	频次	241	566	154	25	34
	百分比	23.6	55.5	15.1	2.5	3.3
地（市）属单位	频次	58	82	21	4	2
	百分比	34.7	49.1	12.6	2.4	1.2
县（区、市）属单位	频次	33	44	17	2	5
	百分比	32.4	43.1	16.7	2.0	4.9

但进一步对事业单位的数据分析表明，部属事业单位、省属事业单位、地（市）属事业单位和县（区、市）属事业单位的被调查者对"我省对科技人才的重视程度"评价存在显著差异。省属事业单位和部属事业单位的科技人才对该问题的评价显著低于地（市）属事业单位。

（二）对"宏观管理体制和工作机制"的评价

调查数据总体表明，对浙江省科技人才的宏观管理体制感到非常满意、比较满意、不太满意和非常不满意的所占的比重分别为：27.0%、56.8%、7.4%和0.3%，进一步分析发现，来自行政机关、事业单位和企业这三类单位的被调查者，和事业单位中来自部属事业单位、省属事业单位、地（市）属事业单位和县（区、市）属事业单位的被调查者对该问题的回答不存在显著差异，见表4-6。

表4-6　对我省科技人才宏观管理的体制的评价（不同类型单位）

单位	评价	非常满意	比较满意	不太满意	完全不满意	不了解
总体	频次	627	1319	172	8	196
	百分比	26.99	56.78	7.40	0.34	8.44
行政机关	频次	11	32	6	0	1
	百分比	22.0	64.0	12.0		2.0
事业单位	频次	469	974	134	7	144
	百分比	27.1	56.4	7.8	0.4	8.3
企业	频次	128	264	19	1	44
	百分比	28.0	57.8	4.2	0.2%	9.6

表4-7 对我省科技人才宏观管理的体制的评价（不同层级事业单位）

单位	评价	非常满意	比较满意	不太满意	完全不满意	不了解
部属单位	频次	115	248	28	2	49
	百分比	26.0	56.1	6.3	0.5	11.1
省属单位	频次	266	581	94	2	77
	百分比	26.1	57.0	9.2	0.2	7.5
地（市）属单位	频次	55	95	5	0	12
	百分比	32.9	56.9	3.0		7.2
县（区、市）属单位	频次	33	52	8	3	6
	百分比	32.4	51.0	7.8	2.9	5.9

在对我省协同推进科技人才发展的工作机制的评价中，感到非常满意、比较满意、不太满意和非常不满意的所占的比重分别为25.0%、54.1%、9.1%和1.0%。进一步分析发现，来自行政机关、事业单位和企业这三类单位的被调查者，和事业单位中来自部属事业单位、省属事业单位、地（市）属事业单位和县（区、市）属事业单位的被调查者对该问题的回答不存在显著差异，见表4-8。

表4-8 对当前协同推进科技人才发展的工作机制的评价（不同类型单位）

单位	评价	非常满意	比较满意	不太满意	完全不满意	不了解
总体	频次	581	1256	212	23	250
	百分比	25.0	54.1	9.1	1.0	10.8
行政机关	频次	9	35	5	0	1
	百分比	18.0	70.0	10.0	0	2.0

单位	评价	非常满意	比较满意	不太满意	完全不满意	不了解
事业单位	频次	446	905	171	21	185
	百分比	25.8	52.4	9.9	1.2	10.7
企业	频次	108	270	22	2	54
	百分比	23.6	59.1	4.8	0.4	11.8

表4-9 对当前协同推进科技人才发展的工作机制的评价（不同层级事业单位）

单位	评价	非常满意	比较满意	不太满意	完全不满意	不了解
部属单位	频次	105	228	41	8	60
	百分比	23.8	51.6	9.3	1.8	13.6
省属单位	频次	256	540	105	11	108
	百分比	25.1	52.9	10.3	1.1	10.6
地（市）属单位	频次	53	92	11	1	10
	百分比	31.7	55.1	6.6	0.6	6.0
县（区、市）属单位	频次	32	48	14	1	7
	百分比	31.4	47.1	13.7	1.0	6.9

表4-9中对来自事业单位的样本进行分析发现，部属单位、省属单位、地（市）属单位、县（区、市）属单位的科技人员对宏观体制非常满意的分别为26.0%、26.1%、32.9%和32.4%，对协同推进科技人才发展的工作机制非常满意的分别为23.8%、25.1%、31.7%和31.4%。

（三）对"创新创业受支持力度"的评价

调查数据总体表明，对我省为科技人才提供的创业或创新支持力度感到非常满意、比较满意、不太满意和非常不满意的所占的比重分别为19.7%、55.2%、15.0%和2.6%，见表4－10。

表4－10　对我省为科技人才提供的创业或创新支持力度的评价（不同类型单位）

单位	评价	非常满意	比较满意	不太满意	完全不满意	不了解
总体	频次	458	1283	348	61	168
	百分比	19.7	55.2	15.0	2.6	7.2
行政机关	频次	7	29	8	1	3
	百分比	14.0	58.0	16.0	2.0	6.0
事业单位	频次	326	948	270	52	131
	百分比	18.9	54.9	15.6	3.0	7.6
企业	频次	110	254	53	6	32
	百分比	24.1	55.6	11.6	1.3	7.0

表4－11　对我省为科技人才提供的创业创新支持力度的评价（不同层级事业单位）

单位	评价	非常满意	比较满意	不太满意	完全不满意	不了解
部属单位	频次	84	239	67	16	36
	百分比	19.0	54.1	15.2	3.6	8.1
省属单位	频次	173	576	165	30	76
	百分比	17.0	56.5	16.2	2.9	7.5

单位	评价	非常满意	比较满意	不太满意	完全不满意	不了解
地（市）属单位	频次	43	84	26	1	13
	百分比	25.7	50.3	15.6	0.6	7.8
县（区、市）属单位	频次	26	52	12	5	6
	百分比	25.5	51.0	11.8	4.9	5.9

从表 4 - 11 中对来自事业单位的样本进行分析发现，我们可以看出部属单位、省属单位、地（市）属单位、县（区、市）属单位的科技人员选择非常满意的分别为 19.0%、17.0%、25.7% 和 25.5%。进一步分析发现，来自行政机关、事业单位和企业这三类单位的被调查者，和事业单位中来自部属事业单位、省属事业单位、地（市）属事业单位和县（区、市）属事业单位的被调查者对该问题的回答不存在显著差异。

（四）对"创新文化环境"的评价

调查数据总体表明，对我省当前的创新文化环境感到非常满意、比较满意、不太满意和非常不满意的所占的比重分别为 19.6%、55.5%、15.0% 和 2.1%，见表 4 - 12。

从表 4 - 13 的结果中对来自事业单位的样本进行分析，我们可以看出，四个单位的科技人才对当前浙江省的创新文化环境感到非常满意的分别为 18.3%、17.1%、26.9% 和 24.5%，选择比较满意的分别为 55.0%、55.9%、49.7% 和 52.0%，选择不太满意的分别为 14.7%、16.0%、16.2% 和 9.8%，完全不满意的分别为 2.7%、

2.5%、0.6%和3.9%。

进一步分析发现，来自行政机关、事业单位和企业这三类单位的被调查者，和事业单位中来自部属事业单位、省属事业单位、地（市）属事业单位和县（区、市）属事业单位的被调查者对该问题的回答不存在显著差异。

表4-12 对当前我省的创新文化环境的评价（不同类型单位）

单位	评价	非常满意	比较满意	不太满意	完全不满意	不了解
总体	频次	455	1289	348	48	178
	百分比	19.6	55.5	15.0	2.1	7.7
行政机关	频次	7	28	5	2	6
	百分比	14.0	56.0	10.0	4.0	12.0
事业单位	频次	325	948	265	43	146
	百分比	18.8	54.9	15.3	2.5	8.4
企业	频次	111	263	57	2	22
	百分比	24.3	57.5	12.5	0.4	4.8

表4-13 对当前我省的创新文化环境的评价（不同层级事业单位）

单位	评价	非常满意	比较满意	不太满意	完全不满意	不了解
部属单位	频次	81	243	65	12	41
	百分比	18.3	55.0	14.7	2.7	9.3
省属单位	频次	174	570	163	26	87
	百分比	17.1	55.9	16.0	2.5	8.5

单位	评价	非常满意	比较满意	不太满意	完全不满意	不了解
地（市）属单位	频次	45	83	27	1	11
	百分比	26.9	49.7	16.2	0.6	6.6
县（区、市）属单位	频次	25	53	10	4	9
	百分比	24.5	52.0	9.8	3.9	8.8

（五）对"科技诚信制度建立和实施情况"的评价

调查数据总体表明，对浙江省科研诚信制度建立和实施情况感到非常满意、比较满意、不太满意和非常不满意的所占的比重分别为16.7%、47.6%、22.6%和6.4%，见表4－14。

进一步对行政机关、事业单位和企业这三类单位的数据进行分析发现，行政机关、事业单位和企业的科技人才对"当前科技诚信制度建立和实施情况"的评价存在显著差异。结果表明，企业的科技人才对该项的评价显著高于事业单位的科技人才。其中行政机关、事业单位和企业中的科技人才选择非常满意的分别为12.0%、15.6%和21.7%，见表4－15。

表4－14 对当前科技诚信制度建立和实施情况的评价（不同类型单位）

单位	评价	非常满意	比较满意	不太满意	完全不满意	不了解
总体	频次	387	1105	524	148	155
	百分比	16.7	47.6	22.6	6.4	6.7

续表

单位	评价	非常满意	比较满意	不太满意	完全不满意	不了解
行政机关	频次	6	27	10	2	4
	百分比	12.0	54.0	20.0	4.0	8.0
事业单位	频次	269	816	414	124	104
	百分比	15.6	47.2	24.0	7.2	6.0
企业	频次	99	226	75	15	40
	百分比	21.7	49.5	16.4	3.3	8.8

表4-15 对当前科技诚信制度建立和实施情况的评价（不同层级事业单位）

单位	评价	非常满意	比较满意	不太满意	完全不满意	不了解
部属单位	频次	55	212	109	34	32
	百分比	12.4	48.0	24.7	7.7	7.2
省属单位	频次	163	473	246	80	58
	百分比	16.0	46.4	24.1	7.8	5.7
地（市）属单位	频次	37	82	36	7	5
	百分比	22.2	49.1	21.6	4.2	3.0
县（区、市）属单位	频次	14	52	23	3	9
	百分比	13.7	51.0	22.5	2.9	8.8

从表4-15可以看出，部属单位、省属单位、地（市）属单位、县（区、市）属单位对此的评价选择非常满意的分别为12.4%、16.0%、22.2%和13.7%，选择比较满意的分别为48.0%、46.4%、49.1%和51.0%，选择不太满意的分别为24.7%、24.1%、21.6%和

22.5%，选择非常不满意的分别为7.7%、7.8%、4.2%和3.9%。

进一步分析发现，事业单位中来自部属事业单位、省属事业单位、地（市）属事业单位和县（区、市）属事业单位的被调查者对该问题的回答不存在显著差异。

二、对"软硬件支持情况"的评价

（一）对"单位提供的创新创业条件"的评价

调查数据总体表明，对所在单位是否能够为其提供良好的科技创新创业条件感到非常满意、比较满意、不太满意和非常不满意的所占的比重分别为23.7%、52.3%、19.4%和2.4%，见表4-16。

通过对行政机关、事业单位和企业的样本进行比较发现，来自这三类单位的被调查者对这个问题的回答没有显著差异。见表4-16。

从表4-17分析结果中，我们可以看出部属单位、省属单位、地（市）属单位、县（区、市）属单位的科技人员选择非常满意的分别占24.9%、18.6%、26.9%和28.4%，选择比较满意的分别为52.9%、54.0%、52.7%和45.1%，选择不太满意的分别为18.1%、22.5%、18.6%和19.6%，选择非常不满意的分别为2.5%、2.9%、1.8%和4.9%。

表4-16　对所在单位提供创新创业条件的评价（不同类型单位）

单位	评价	非常满意	比较满意	不太满意	完全不满意	不了解
总体	频次	551	1216	450	56	46
	百分比	23.7	52.4	19.4	2.4	2.0
行政机关	频次	7	24	10	1	5
	百分比	14.0	48.0	20.0	2.0	10.0
事业单位	频次	374	916	360	49	29
	百分比	21.6	53.0	20.8	2.8	1.7
企业	频次	150	232	61	5	8
	百分比	32.8	50.8	13.3	1.1	1.8

表4-17　对所在单位提供创新创业条件的评价（不同层级事业单位）

单位	评价	非常满意	比较满意	不太满意	完全不满意	不了解
部属单位	频次	110	234	80	11	7
	百分比	24.9	52.9	18.1	2.5	1.6
省属单位	频次	190	551	229	30	20
	百分比	18.6	54.0	22.5	2.9	2.0
地（市）属单位	频次	45	88	31	3	0
	百分比	26.9	52.7	18.6	1.8	0
县（区、市）属单位	频次	29	46	20	5	2
	百分比	28.4	45.1	19.6	4.9	2.0

事业单位中来自部属事业单位、省属事业单位、地（市）属事业单位和县（区、市）属事业单位的被调查者对该问题的回答存在显著差异，省属单位的科技人才对该问题的评价显著低于部属单位和地

（市）属单位，具体见上表 4 – 17。

（二）对"经费、人力、实验仪器设备支持情况"的评价

调查数据总体表明，对工作中能否得到科研所需的经费支持感到非常满意、比较满意、不太满意和非常不满意的所占的比重分别为 14.8%、48.1%、29.0% 和 5.6%，见表 4 – 18。对工作中能否得到科研所需的人力支持感到非常满意、比较满意、不太满意和非常不满意的所占的比重分别为 14.8%、47.4%、30.0% 和 5.4%，见表 4 – 20。对工作中能否得到实验仪器设备支持感到非常满意、比较满意、不太满意和非常不满意的所占的比重分别为 18.3%、51.1%、22.8% 和 4.5%，见表 4 – 22。

对来自事业单位的样本进行分析发现，对科研所需的经费支持选择非常满意的分别为 10.4%、11.8%、21.6% 和 19.6%，对科研所需的人力支持选择非常满意的分别为 12.7%、12.5%、22.2% 和 15.7%，对实验设备支持选择非常满意的分别为 20.6%、15.9%、19.2% 和 17.6%，见表 4 – 19、表 4 – 21、表 4 – 23。

表 4 – 18　对科研经费支持的评价（不同类型单位）

单位	评价	非常满意	比较满意	不太满意	完全不满意	不了解
总体	频次	344	1118	673	130	53
	百分比	14.8	48.1	29.0	5.6	2.3
行政机关	频次	3	20	12	2	9
	百分比	6.0	40.0	24.0	4.0	18.0

续表

单位	评价	非常满意	比较满意	不太满意	完全不满意	不了解
事业单位	频次	222	811	559	114	22
	百分比	12.8	46.9	32.3	6.6	1.3
企业	频次	108	245	74	12	17
	百分比	23.6	53.6	16.2	2.6	3.7

表4-19 对科研经费支持的评价（不同层级事业单位）

单位	评价	非常满意	比较满意	不太满意	完全不满意	不了解
部属单位	频次	46	228	136	27	5
	百分比	10.4	51.6	30.8	6.1	1.1
省属单位	频次	120	452	364	76	8
	百分比	11.8	44.3	35.7	7.5	0.8
地（市）属单位	频次	36	85	37	5	4
	百分比	21.6	50.9	22.2	3.0	2.4
县（区、市）属单位	频次	20	48	23	6	5
	百分比	19.6	47.1	22.5	5.9	4.9

表4-20 对科研人力支持的评价（不同类型单位）

单位	评价	非常满意	比较满意	不太满意	完全不满意	不了解
总体	频次	343	1102	696	126	51
	百分比	14.8	47.4	30.0	5.4	2.2

单位	评价	非常满意	比较满意	不太满意	完全不满意	不了解
行政机关	频次	3	23	9	2	9
	百分比	6.0	46.0	18.0	4.0	18.0
事业单位	频次	236	792	564	114	22
	百分比	13.7	45.8	32.6	6.6	1.3
其中：企业	频次	94	239	100	10	13
	百分比	20.6	52.3	21.9	2.2	2.8

表 4 - 21 对科研人力支持的评价（不同层级事业单位）

单位	评价	非常满意	比较满意	不太满意	完全不满意	不了解
部属单位	频次	56	207	142	29	8
	百分比	12.7	46.8	32.1	6.6	1.8
省属单位	频次	127	464	347	75	7
	百分比	12.5	45.5	34.0	7.4	0.7
地（市）属单位	频次	37	73	48	6	3
	百分比	22.2	43.7	28.7	3.6	1.8
县（区、市）属单位	频次	16	51	27	4	4
	百分比	15.7	50.0	26.5	3.9	3.9

表4-22　对实验仪器设备条件的评价（不同类型单位）

单位	评价	非常满意	比较满意	不太满意	完全不满意	不了解
总体	频次	424	1186	529	104	74
	百分比	18.3	51.1	22.8	4.5	3.2
行政机关	频次	4	18	11	2	11
	百分比	8.0	36.0	22.0	4.0	22.0
事业单位	频次	303	895	402	94	34
	百分比	17.5	51.8	23.3	5.4	2.0
企业	频次	105	233	90	8	20
	百分比	23.0	51.0	19.7	1.8	4.4

表4-23　对实验仪器设备条件的评价（不同层级事业单位）

单位	评价	非常满意	比较满意	不太满意	完全不满意	不了解
部属单位	频次	91	232	88	22	9
	百分比	20.6	52.5	19.9	5.0	2.0
省属单位	频次	162	532	253	58	15
	百分比	15.9	52.2	24.8	5.7	1.5
地（市）属单位	频次	32	88	37	8	2
	百分比	19.2	52.7	22.2	4.8	1.2
县（区、市）属单位	频次	18	45	25	6	8
	百分比	17.6	44.1	24.5	5.9	7.8

通过对行政机关、事业单位和企业的样本进行比较发现，来自这三类单位的被调查者对这三个问题的回答没有显著差异。

但事业单位中，来自部属事业单位、省属事业单位、地（市）属事业单位和县（区、市）属事业单位的被调查者对"在工作中能否得到科研所需的人力支持"这一问题的回答存在显著差异，地（市）属单位对该问题的评价得分显著高于部属单位和省属单位。其中，四个单位的科技人才选择非常满意的分别为 20.6%、15.9%、19.2% 和 17.6%。

（二）对"科技政策信息获得情况"的评价

调查数据总体表明，对在工作中能否及时获得各级政府科技立项、评奖、科技资质认定、税费减免等科技政策信息的评价感到非常满意、比较满意、不太满意和非常不满意的所占的比重分别为 21.3%、47.6%、21.6% 和 3.6%，见表 4 – 24。

表 4 – 25 对来自事业单位的样本进行分析表明，四类单位的科技人才选择非常满意的分别为 17.2%、18.0%、21.0% 和 25.5%，选择比较满意的分别为 43.4%、47.8%、50.9% 和 55.9%，选择不太满意的分别为 29.0%、24.3%、21.6% 和 7.8%，完全不满意的分别为 5.0%、4.3%、2.4% 和 3.9%。

表 4 – 24　对是否能及时获得科技政策信息的评价（不同类型单位）

单位	评价	非常满意	比较满意	不太满意	完全不满意	不了解
总体	频次	495	1105	502	84	131
	百分比	21.3	47.6	21.6	3.6	5.6
行政机关	频次	8	21	7	1	9
	百分比	16.0	42.0	14.0	2.0	18.0

续表

单位	评价	非常满意	比较满意	不太满意	完全不满意	不了解
事业单位	频次	321	820	419	74	93
	百分比	18.6	47.5	24.2	4.3	5.4
企业	频次	149	225	53	7	22
	百分比	32.6	49.2	11.6	1.5	4.8

表4-25　对是否能及时获得科技政策信息的评价（不同层级事业单位）

单位	评价	非常满意	比较满意	不太满意	完全不满意	不了解
部属单位	频次	76	192	128	22	24
	百分比	17.2	43.4	29.0	5.0	5.4
省属单位	频次	184	488	248	44	55
	百分比	18.0	47.8	24.3	4.3	5.4
地（市）属单位	频次	35	85	36	4	7
	百分比	21.0	50.9	21.6	2.4	4.2
县（区、市）属单位	频次	26	57	8	4	7
	百分比	25.5	55.9	7.8	3.9	6.9

通过对行政机关、事业单位和企业的样本进行比较发现，来自这三类单位的被调查者对这个问题的回答没有显著差异。但事业单位中，来自部属事业单位、省属事业单位、地（市）属事业单位和县（区、市）属事业单位的被调查者对该问题的回答存在显著差异，部属单位的科技人才对该问题的评价得分显著低于地（市）属单位和县（区、市）属单位，省属单位对该问题的评价显著低于县（区、市）属单位。

（四）对"政府为科技人才流动服务"的评价

调查数据总体表明，对政府部门为科技人才流动提供的服务评价感到非常满意、比较满意、不太满意和非常不满意的所占的比重分别为12.5%、46.4%、22.1%和5.0%，见表4-26。

进一步对行政机关、事业单位和企业这三类单位的数据进行分析表明，行政机关、事业单位和企业的科技人才对"当前政府部门为科技人才流动提供的服务"的评价存在差异。企业的科技人才对该项的评价显著高于事业单位的科技人才。其中行政机关、事业单位和企业中科技人才选择非常满意的分别为12.0%、11.2%和18.4%，见表4-26。

表4-26 对政府部门为科技人才流动提供的服务的评价（不同类型单位）

单位	评价	非常满意	比较满意	不太满意	完全不满意	不了解
总体	频次	291	1077	514	116	318
	百分比	12.5	46.4	22.1	5.0	13.7
行政机关	频次	6	26	8	1	8
	百分比	12.0	52.0	16.0	2.0	16.0
事业单位	频次	193	791	404	101	238
	百分比	11.2	45.8	23.4	5.8	13.8
企业	频次	84	219	81	10	58
	百分比	18.4	47.9	17.7	2.2	12.7

从表4-27中对来自事业单位的样本进行分析发现，部属单位、省属单位、地（市）属单位、县（区、市）属单位的科技人员选择非常满意的分别占13.1%、9.2%、13.8%和17.6%，比较满意的分别

占 48.0%、45.5%、41.9% 和 46.1%，不太满意的分别占 19.0%、
24.8%、29.9% 和 16.7%，非常不满意的分别占 3.4%、7.1%、
2.4% 和 9.8%。

表 4 - 27　对政府部门为科技人才流动提供的服务的评价（不同层级事业单位）

单位	评价	非常满意	比较满意	不太满意	完全不满意	不了解
部属单位	频次	58	212	84	15	73
	百分比	13.1	48.0	19.0	3.4	16.5
省属单位	频次	94	464	253	72	137
	百分比	9.2	45.5	24.8	7.1	13.4
地（市）属单位	频次	23	70	50	4	20
	百分比	13.8	41.9	29.9	2.4	12.0
县（区、市）属单位	频次	18	47	17	10	9
	百分比	17.6	46.1	16.7	9.8	8.8

（五）对"科技创新服务体系"的评价

调查数据总体表明，对目前浙江省科技创新服务体系感到非常满意、比较满意、不太满意和非常不满意所占的比重分别为 16.8%、56.4%、12.9% 和 2.4%，见表 4 - 28。

从表 4 - 29 中可以看出，对来自事业单位的样本进行分析发现不同单位的科技人才对创新服务体系的评价选择非常满意的分别为 14.3%、14.9%、22.8% 和 18.6%，选择比较满意的分别为 57.2%、56.0%、54.5% 和 53.9%，选择不太满意的分别为 11.5%、14.4%、12.0% 和 12.7%，完全不满意的分别为 3.2%、2.5%、1.2%

和3.9%。

表4-28 对目前我省科技创新服务体系的评价（不同类型单位）

单位	评价	非常满意	比较满意	不太满意	完全不满意	不了解
总体	频次	389	1309	299	56	266
	百分比	16.8	56.4	12.9	2.4	11.5
行政机关	频次	7	28	5	2	7
	百分比	14.0	56.0	10.0	4.0	14.0
事业单位	频次	272	968	231	45	211
	百分比	15.7	56.0	13.4	2.6	12.2
企业	频次	99	262	46	7	41
	百分比	21.7	57.3	10.1	1.5	9.0

表4-29 对目前我省科技创新服务体系的评价（不同层级事业单位）

单位	评价	非常满意	比较满意	不太满意	完全不满意	不了解
部属单位	频次	63	253	51	14	61
	百分比	14.3	57.2	11.5	3.2	13.8
省属单位	频次	152	571	147	25	125
	百分比	14.9	56.0	14.4	2.5	12.3
地（市）属单位	频次	38	91	20	2	16
	百分比	22.8	54.5	12.0	1.2	9.6
县（区、市）属单位	频次	19	55	13	4	10
	百分比	18.6	53.9	12.7	3.9	9.8

通过对行政机关、事业单位和企业的样本进行比较发现，来自这

三类单位的被调查者对这个问题的回答没有显著差异。但事业单位中来自部属事业单位、省属事业单位、地（市）属事业单位和县（区、市）属事业单位的被调查者对该问题的回答存在显著差异，地（市）属单位的科技人才对该问题的评价得分显著高于省属单位和部属单位的科技人才。

三、对"培训交流情况"的评价

（一）对"培训和学习机会"的评价

调查数据总体表明，对在工作中能够得到充分的培训和学习机会的评价感到非常满意、比较满意、不太满意和非常不满意所占的比重分别为 20.8%、49.8%、24.6% 和 4.0%，见表 4-30。

表 4-30　对在工作中能够得到充分的培训和学习机会的评价（不同类型单位）

单位	评价	非常满意	比较满意	不太满意	完全不满意	不了解
总体	频次	484	1157	572	92	17
	百分比	20.8	49.8	24.6	4.0	0.7
行政机关	频次	6	28	16	0	0
	百分比	12.0	56.0	32.0		
事业单位	频次	348	857	436	75	12
	百分比	20.1	49.6	25.2	4.3	0.7
企业	频次	115	230	95	12	4
	百分比	25.2	50.3	20.8	2.6	0.9

从表4-31的结果中，我们可以看出，各级事业单位的科技人才对当前能够得到充分的培训和学习机会感到非常满意的分别为22.9%、17.9%、24.0%和23.5%，比较满意的分别为51.1%、48.5%、50.9%和52.9%，不太满意的分别为21.9%、27.9%、22.2%和16.7%，非常不满意的分别为3.4%、4.9%、3.0%和4.9%。

表4-31　对在工作中能够得到充分的培训和学习机会的评价

（不同层级事业单位）

单位	评价	非常满意	比较满意	不太满意	完全不满意	不了解
部属单位	频次	101	226	97	15	3
	百分比	22.9	51.1	21.9	3.4	0.7
省属单位	频次	183	495	285	50	7
	百分比	17.9	48.5	27.9	4.9	0.7
地（市）属单位	频次	40	85	37	5	0
	百分比	24.0	50.9	22.2	3.0	
县（区、市）属单位	频次	24	54	17	5	2
	百分比	23.5	52.9	16.7	4.9	2.0

通过对行政机关、事业单位和企业的样本进行比较发现，来自这三类单位的被调查者对这个问题的回答没有显著差异。但是，事业单位中来自部属事业单位、省属事业单位、地（市）属事业单位和县（区、市）属事业单位的被调查者对该问题的回答存在显著差异，部属单位的科技人才对该问题的评价得分显著低于其他三类单位，而其他三类单位之间的差异并不显著。

（二）对"学术交流机会"的评价

调查数据总体表明，对是否能充分获得与外界进行学术交流的机会的评价感到非常满意、比较满意、不太满意和非常不满意所占的比重分别为21.1%、48.3%、25.2%和4.7%，见表4-32。

对行政机关、事业单位和企业这三类单位的数据分析表明，行政机关、事业单位和企业的科技人才对"是否能够充分获得与外界进行学术交流的机会"的评价存在显著差异。行政企业的科技人才对该项的评价显著低于事业单位和企业。其中行政机关、事业单位和企业中科技人才选择非常满意的分别为6.0%、21.9%和19.7%，见表4-32。

表4-32　对能够充分获得与外界进行学术交流的机会的评价（不同类型单位）

单位	评价	非常满意	比较满意	不太满意	完全不满意	不了解
总体	频次	491	1123	586	104	17
	百分比	21.1	48.3	25.2	4.7	0.7
行政机关	频次	3	24	15	6	1
	百分比	6.0	48.0	30.0	12.0	2.0
事业单位	频次	379	826	439	75	9
	百分比	21.9	47.8	25.4	4.3	0.5
企业	频次	90	231	109	19	7
	百分比	19.7	50.5	23.9	4.2	1.5

表 4 - 33　对能够充分获得与外界进行学术交流的机会的评价

(不同层级事业单位)

单位	评价	非常满意	比较满意	不太满意	完全不满意	不了解
部属单位	频次	134	224	74	10	0
	百分比	30.3	50.7	16.7	2.3	
省属单位	频次	187	482	298	47	6
	百分比	18.3	47.3	29.2	4.6	
地(市)属单位	频次	40	73	42	10	2
	百分比	24.0	43.7	25.1	6.0	
县(区、市)属单位	频次	18	48	27	8	1
	百分比	17.6	47.1	26.5	7.8	1.0

从表 4 - 33 的结果中，我们可以看出，各级事业单位的科技人才对当前是否能够充分获得与外界进行学术交流的机会感到非常满意的分别为 30.3%、18.3%、24.0% 和 17.6%，选择比较满意的分别为 50.7%、47.3%、43.7% 和 47.1%，选择不太满意的分别为 16.7%、29.2%、25.1% 和 26.5%，选择完全不满意的分别为 2.3%、4.6%、6.0% 和 7.8%。

进一步分析发现，事业单位中来自部属事业单位、省属事业单位、地(市)属事业单位和县(区、市)属事业单位的被调查者对该问题的回答不存在显著差异。

(三) 对"继续教育制度"的评价

调查数据总体表明，对当前科技人才继续教育制度的评价感到非

常满意、比较满意、不太满意和非常不满意的所占的比重分别为
12.8%、48.5%、30.3%和2.7%，见表4-34。

表4-34 对当前继续教育制度的评价（不同类型单位）

单位	评价	非常满意	比较满意	不太满意	完全不满意	不了解
总体	频次	297	1127	705	63	130
	百分比	12.8	48.5	30.3	2.7	5.6
行政机关	频次	6	27	16	0	1
	百分比	12.0	54.0	32.0		2.0
事业单位	频次	201	853	542	50	82
	百分比	11.6	49.4	31.4	2.9	4.7
企业	频次	76	209	119	10	42
	百分比	16.6	45.7	26.0	2.2	9.2

表4-35 对当前继续教育制度的评价（不同层级事业单位）

单位	评价	非常满意	比较满意	不太满意	完全不满意	不了解
部属单位	频次	46	219	145	12	20
	百分比	10.4	49.5	32.8	2.7	4.5
省属单位	频次	109	504	325	27	55
	百分比	10.7	49.4	31.9	2.6	5.4
地（市）属单位	频次	30	82	47	4	4
	百分比	18.0	49.1	28.1	2.4	2.4
县（区、市）属单位	频次	16	50	26	7	3
	百分比	15.7	49.0	25.5	6.9	2.9

从表 4-35 的结果中，我们可以看出各级事业单位的科技人才对当前科技人才的继续教育制度感到非常满意的分别为 10.4%、10.7%、18.0% 和 15.7%，比较满意的分别为 49.5%、49.4%、49.1% 和 49.0%，不太满意的分别为 32.8%、31.9%、28.1% 和 25.5%，非常不满意的分别为 2.7%、2.6%、2.4% 和 6.9%。

通过对行政机关、事业单位和企业的样本进行比较发现，来自这三类单位的被调查者对这个问题的回答没有显著差异。但是，事业单位中来自部属事业单位、省属事业单位、地（市）属事业单位和县（区、市）属事业单位的被调查者对该问题的回答存在显著差异，地（市）属单位的科技人才对该问题的评价得分显著高于部属单位、省属单位。

（四）对"国际化培养力度"的评价

调查数据总体表明，对当前科技人才国际化培养力度感到非常满意、比较满意、不太满意和非常不满意所占的比重分别为 11.8%、40.1%、33.7% 和 4.6%，见表 4-36。

表 4-36 对当前科技人才国际化培养力度的评价（不同类型单位）

单位	评价	非常满意	比较满意	不太满意	完全不满意	不了解
总体	频次	273	931	783	106	227
	百分比	11.8	40.1	33.7	4.6	9.8
行政机关	频次	5	20	18	0	7
	百分比	10.0	40.0	36.0		14.0

单位	评价	非常满意	比较满意	不太满意	完全不满意	不了解
事业单位	频次	190	732	597	81	128
	百分比	11.0	42.4	34.5	4.7	7.4
企业	频次	66	153	132	20	84
	百分比	14.4	33.5	28.9	4.4	18.4

表4－37　对当前科技人才国际化培养力度的评价（不同层级事业单位）

单位	评价	非常满意	比较满意	不太满意	完全不满意	不了解
部属单位	频次	57	193	146	22	24
	百分比	12.9	43.7	33.0	5.0	5.4
省属单位	频次	99	435	364	45	77
	百分比	9.7	42.6	35.7	4.4	7.5
地（市）属单位	频次	24	63	60	6	14
	百分比	14.4	37.7	35.9	3.6	8.4
县（区、市）属单位	频次	10	42	28	8	14
	百分比	9.8	41.2	27.5	7.8	13.7

从表4－37我们可以看出，各级事业单位的科技人才对当前科技人才国际化培养力度感到非常满意的分别为12.9%、9.7%、14.4%和9.8%，感到比较满意的分别为43.7%、42.6%、37.7%和41.2%，不太满意的分别为33.0%、35.7%、35.9%和27.5%，非常不满意的分别为5.0%、4.4%、3.6%和7.8%。

进一步分析发现，来自行政机关、事业单位和企业这三类单位的被调查者，和事业单位中来自部属事业单位、省属事业单位、地（市）属事业单位和县（区、市）属事业单位的被调查者对该问题的回答不存在显著差异。

四、对"评价激励情况"的评价

考核的定位是绩效考核的核心问题。考核的定位直接影响到考核的实施，定位的不同必然带来实施方法上的差异。选择和确定什么样的绩效指标是考核中一个重要的问题。要想做好绩效考核，还必须做好考核期开始时的工作目标和绩效指标确定工作，以及考核期间的结果反馈工作。收入分配体系是科技人员激励体系的重要组成部分之一。国内外的学者都对此进行了阐述，收入分配制度的激励作用会直接影响到科技人员的积极性和创造性。我们对科技人员对收入分配制度的认可度进行了统计分析。

（一）对"激励政策和措施"的评价

调查数据表明，对目前科技人才的激励政策和措施感到非常满意、比较满意、不太满意和非常不满意的所占的比重分别为 9.9%、46.6%、29.3% 和 7.8%，见表 4-38。

对行政机关、事业单位和企业这三类单位的数据分析表明，行政机关、事业单位和企业的科技人才对"目前科技人才的激励政策和措施"的评价存在显著差异，企业的科技人才对该项的评价显著高于事业单位的科技人才。其中行政机关、事业单位和企业中的科技人才选择非常满意的分别为8.0%、8.2%和16.6%，见表4-38。

表4-38　对目前科技人才的激励政策和措施的评价（不同类型单位）

单位	评价	非常满意	比较满意	不太满意	完全不满意	不了解
总体	频次	230	1082	681	181	144
	百分比	9.9	46.6	29.3	7.8	6.2
行政机关	频次	4	28	12	1	4
	百分比	8.0	56.0	24.0	2.0	8.0
事业单位	频次	142	793	537	154	101
	百分比	8.2	45.9	31.1	8.9	5.8
企业	频次	76	218	108	17	35
	百分比	16.6	47.7	23.6	3.7	7.7

表4-39　对目前科技人才的激励政策和措施的评价（不同层级事业单位）

单位	评价	非常满意	比较满意	不太满意	完全不满意	不了解
部属单位	频次	32	203	134	32	41
	百分比	7.2	45.9	30.3	7.2	9.3
省属单位	频次	67	487	322	100	44
	百分比	6.6	47.7	31.6	9.8	4.3
地（市）属单位	频次	28	64	57	9	9
	百分比	16.8	38.3	34.1	5.4	5.4
县（区、市）属单位	频次	15	42	24	13	7
	百分比	14.7	41.2	23.5	12.7	6.9

从表3-39我们可以看出，对来自事业单位的样本进行分析发现，

选择非常满意的分别为7.2%、6.6%、16.8%和14.7%，感到比较满意的分别为45.9%、47.7%、38.3%和41.2%，不太满意的分别为30.3%、31.6%、34.1%和23.5%，非常不满意的分别为7.2%、9.8%、5.4%和12.7%。

进一步分析发现，事业单位中来自部属事业单位、省属事业单位、地（市）属事业单位和县（区、市）属事业单位的被调查者对该问题的回答不存在显著差异。

（二）对"科技成果评价和奖励制度"的评价

调查数据总体表明，对目前科技成果评价和奖励制度感到非常满意、比较满意、不太满意和非常不满意的所占的比重分别为10.8%、47.7%、28.0%和7.0%，见表4－40。

表4－40　对目前科技成果评价和奖励制度的评价（不同类型单位）

单位	评价	非常满意	比较满意	不太满意	完全不满意	不了解
总体	频次	250	1109	650	163	146
	百分比	10.8	47.7	28.0	7.0	6.3
行政机关	频次	3	26	14	0	6
	百分比	6.0	52.0	28.0		12.0
事业单位	频次	156	805	508	148	110
	百分比	9.0	46.6	29.4	8.6	6.4
企业	频次	85	233	102	7	27
	百分比	18.6	51.0	22.3	1.5	5.9

表4-41 对目前科技成果评价和奖励制度的评价（不同层级事业单位）

单位	评价	非常满意	比较满意	不太满意	完全不满意	不了解
部属单位	频次	34	194	144	40	30
	百分比	7.7	43.9	32.6	9.0	6.8
省属单位	频次	82	486	302	90	60
	百分比	8.0	47.6	29.6	8.8	5.9
地（市）属单位	频次	24	80	46	6	11
	百分比	14.4	47.9	27.5	3.6	6.6
县（区、市）属单位	频次	16	46	18	12	9
	百分比	15.7	45.1	17.6	11.8	8.8

从表4-41中我们可以看出，各级事业单位的科技人员对科技成果和奖励制度感到非常满意的分别为7.7%、8.0%、14.4%和15.7%，感到比较满意的分别为43.9%、47.6%、47.9%和45.1%，不太满意的分别为32.6%、29.6%、27.5%和17.6%，非常不满意的分别为9.0%、8.8%、3.6%和11.8%。

进一步分析发现，来自行政机关、事业单位和企业这三类单位的被调查者，和事业单位中来自部属事业单位、省属事业单位、地（市）属事业单位和县（区、市）属事业单位的被调查者对该问题的回答均不存在显著差异。

（三）对"总的科研考核方式"的评价

调查数据总体表明，对当前科研机构和高等学校的科研考核方式感到非常满意、比较满意、不太满意和非常不满意的所占的比重分别为 10.9% 、41.2% 、32.0% 和 9.9% ，见表 4 - 42。

表 4 - 42　对当前科研机构和高等学校的科研考核方式的评价（不同类型单位）

单位	评价	非常满意	比较满意	不太满意	完全不满意	不了解
总体	频次	253	958	744	229	134
	百分比	10.9	41.2	32.0	9.9	5.8
行政机关	频次	4	23	11	2	9
	百分比	8.0	46.0	22.0	4.0	18.0
事业单位	频次	170	713	605	197	42
	百分比	9.8	41.3	35.0	11.4	2.4
企业	频次	70	192	97	21	74
	百分比	15.3	42.0	21.2	4.6	16.2

表 4 - 43　对当前科研机构和高等学校的科研考核方式的评价

（不同层级事业单位）

单位	评价	非常满意	比较满意	不太满意	完全不满意	不了解
部属单位	频次	41	169	159	72	1
	百分比	9.3	38.2	36.0	16.3	0.2
省属单位	频次	96	433	367	97	27
	百分比	9.4	42.5	36.0	9.5	2.6
地（市）属单位	频次	23	81	45	16	2
	百分比	13.8	48.5	26.9	9.6	1.2
县（区、市）属单位	频次	10	32	34	12	13
	百分比	9.8	31.4	33.3	11.8	12.7

从表4-43可以看出，各级事业单位的科技人才对当前科研机构和高等学校的科研考核方式感到非常满意的分别为9.3%、9.4%、13.8%和9.8%，感到比较满意的分别为38.2%、42.5%、48.5%和31.4%，不太满意的分别为36.0%、36.0%、26.9%和33.3%，非常不满意的分别为16.3%、9.5%、9.6%和11.8%。

进一步分析发现，来自行政机关、事业单位和企业这三类单位的被调查者，和事业单位中来自部属事业单位、省属事业单位、地（市）属事业单位和县（区、市）属事业单位的被调查者对该问题的回答不存在显著差异。

（四）对"以课题和文章为核心的考核评价方式"的评价

调查数据总体表明，对当前科技人才以课题和文章为核心的考核评价方式感到非常满意、比较满意、不太满意和非常不满意的所占的比重分别为10.4%、39.2%、34.1%和12.7%，见表4-44。

表4-44　对以课题和文章为核心的考核评价方式的评价（不同类型单位）

单位	评价	非常满意	比较满意	不太满意	完全不满意	不了解
总体	频次	241	911	791	294	81
	百分比	10.4	39.2	34.1	12.7	3.5
行政机关	频次	3	21	16	3	6
	百分比	6.0	42.0	32.0	6.0	12.0
事业单位	频次	167	683	597	250	30
	百分比	9.7	39.5	34.5	14.5	1.7

单位	评价	非常满意	比较满意	不太满意	完全不满意	不了解
企业	频次	66	177	141	33	37
	百分比	14.4	38.7	30.9	7.2	8.1

表4-45　对以课题和文章为核心的考核评价方式的评价（不同层级事业单位）

单位	评价	非常满意	比较满意	不太满意	完全不满意	不了解
部属单位	频次	38	158	165	79	2
	百分比	8.6	35.7	37.3	17.9	0.5
省属单位	频次	97	420	345	136	22
	百分比	9.5	41.2	33.8	13.3	2.2
地（市）属单位	频次	21	68	55	21	2
	百分比	12.6	40.7	32.9	12.6	1.2
县（区、市）属单位	频次	11	38	34	14	4
	百分比	10.8	37.3	33.3	13.7	3.9

从表4-45可以看出，各级单位的科技人才对当前科技人才以课题和文章为核心的考核评价方式感到非常满意的分别为8.6%、9.5%、12.6%和10.8%，感到比较满意的分别为35.7%、41.2%、40.7%和37.3%，不太满意的分别为37.3%、33.8%、32.9%和33.3%，非常不满意分别为17.9%、13.3%、12.6%和13.7%。

进一步分析发现，来自行政机关、事业单位和企业这三类单位的被调查者，和事业单位中来自部属事业单位、省属事业单位、地（市）属事业单位和县（区、市）属事业单位的被调查者对该问题的回答不存在显著差异。

(五) 对"专业技术资格评聘制度"的评价

调查数据总体表明，对当前科技人才专业技术职称和职务评定制度感到非常满意、比较满意、不太满意和非常不满意的所占的比重分别为10.8%、44.4%、32.3%和9.6%，见表4-46。

从表4-47的结果中，我们可以看出各级单位的科技人才对当前专业技术职称和职务评定制度感到非常满意的分别为7.7%、9.1%、16.2%和11.8%，比较满意的分别为38.9%、44.8%、43.1%和44.1%，不太满意的分别为38.7%、33.3%、31.7%和32.4%，非常不满意的分别为14.3%、10.1%、8.4%和8.8%。

对行政机关、事业单位和企业这三类单位的数据进行分析发现，行政机关、事业单位和企业的科技人才对"当前科技人才专业技术职称和职务评定制度"的评价存在显著差异，企业的科技人才对该项的评价显著高于事业单位的科技人才。其中行政机关、事业单位和企业中科技人才选择非常满意的分别为6.0%、9.6%和16.4%，见表4-46。

表4-46 对专业技术职称评定制度的评价（不同类型单位）

单位	评价	非常满意	比较满意	不太满意	完全不满意	不了解
总体	频次	252	1032	750	223	62
	百分比	10.8	44.4	32.3	9.6	2.7

单位	评价	非常满意	比较满意	不太满意	完全不满意	不了解
行政机关	频次	3	29	10	3	4
	百分比	6.0	58.0	20.0	6.0	8.0
事业单位	频次	166	744	597	188	32
	百分比	9.6	43.1	34.5	10.9	1.9
企业	频次	75	225	111	23	21
	百分比	16.4	49.2	24.3	5.0	4.6

表4－47　对专业技术职称评定制度的评价（不同层级事业单位）

单位	评价	非常满意	比较满意	不太满意	完全不满意	不了解
部属单位	频次	34	172	171	63	2
	百分比	7.7	38.9	38.7	14.3	0.5
省属单位	频次	93	457	340	103	27
	百分比	9.1	44.8	33.3	10.1	2.6
地（市）属单位	频次	27	72	53	14	1
	百分比	16.2	43.1	31.7	8.4	0.6
县（区、市）属单位	频次	12	45	33	9	2
	百分比	11.8	44.1	32.4	8.8	2.0

　　进一步分析发现，事业单位中来自部属事业单位、省属事业单位、地（市）属事业单位和县（区、市）属事业单位的被调查者对该问题的回答存在显著差异，地（市）属单位对该问题的评价得分显著高于部属单位、省属单位这两类单位。

（六）各单位激励创新的具体规定和措施

从对问卷调查数据结果的分析中可以看到，目前激励科技人员开展创新创业活动的规定和措施主要有科研条件扶持（65.4%）、一次性货币化奖励（55.4%）、提供学习培训机会（51.3%）和提拔晋升（46.8%）等，见表4-48。

表4-48 本单位制定的激励科技人员创新创业的规定和措施（多选）

选项	百分比			
	总体	行政机关	事业单位	企业
一次性货币化奖励	55.4%	36.0%	58.9%	52.5%
成果产业化后的货币化奖励	35.7%	38.0%	32.2%	53.4%
股权激励	7.1%	10.0%	5.3%	14.6%
科研条件扶持	65.4%	36.0%	75.2%	42.0%
提供学习培训机会	51.3%	46.0%	51.0%	60.1%
提拔晋升	46.8%	24.0%	48.0%	51.7%
授予荣誉称号	37.9%	44.0%	40.4%	33.5%
住房等其他生活条件的改善	15.7%	16.0%	14.7%	21.3%
其他	3.6%	14.0%	3.4%	3.6%

在50家行政机关单位中，有23家单位采取了提供学习培训机会的激励方式（占总数的46%），22家采取了授予荣誉称号的激励方式（占总数的44%），19家采取了成果产业化后的货币化奖励（占总数的38%）。

在1731家事业单位中，采用科研条件扶持作为激励手段的单位高达1302家（75.2%），同时，有1019家单位（58.9%）采取了一次性货币化奖励的方式，883 家单位（51%）采取了提供学习培训机会的方式，831 家（48%）采取了提拔晋升的方式，700 家（40.4%）采取了授予荣誉称号的方式，558 家（32.2%）采取了成果产业化后的货币化奖励的方式。只有较少比例的事业单位采取了股权激励、住房等其他改善生活条件的激励方式。

就企业而言，60.1% 的企业采取了提供学习培训机会的方式，53.4% 采取了成果产业化后的货币化奖励的方式，52.5% 采取了一次性货币化奖励的方式，51.7% 采取了提拔晋升的方式，42% 采用科研条件扶持的方式，33.5% 采取了授予荣誉称号的激励手段。

五、对"薪酬福利"的评价

（一）对"当前收入水平"的评价

调查数据表明，对当前科技人才的收入水平感到非常满意、比较满意、不太满意和非常不满意所占的比重分别为 7.0%、30.0%、42.6% 和 15.3%，见表 4-49。

表 4-49　对当前科技人才收入水平的评价（不同类型单位）

单位	评价	非常满意	比较满意	不太满意	完全不满意	不了解
总体	频次	163	698	989	355	113
	百分比	7.0	30.0	42.6	15.3	4.9

续表

单位	评价	非常满意	比较满意	不太满意	完全不满意	不了解
行政机关	频次	4	19	17	2	7
	百分比	8.0	38.0	34.0	4.0	14.0
事业单位	频次	103	455	785	313	71
	百分比	6.0	26.3	45.4	18.1	4.1
企业	频次	52	195	153	25	29
	百分比	11.4	42.7	33.5	5.5	6.3

表4-50 对当前科技人才收入水平的评价（不同层级事业单位）

单位	评价	非常满意	比较满意	不太满意	完全不满意	不了解
部属单位	频次	22	116	216	68	20
	百分比	5.0	26.2	48.9	15.4	4.5
省属单位	频次	53	258	468	200	41
	百分比	5.2	25.3	45.9	19.6	4.0
地（市）属单位	频次	18	47	71	25	6
	百分比	10.8	28.1	42.5	15.0	3.6
县（区、市）属单位	频次	10	34	33	20	4
	百分比	9.8	33.3	32.4	19.6	3.9

从表4-50可以看出，总体来看，不同层级事业单位的科技人员对目前的收入水平非常满意的分别为5.0%、5.2%、10.8%和9.8%，感到比较满意的分别为26.2%、25.3%、28.1%和33.3%，不太满意的分别为48.9%、45.9%、42.5%和32.4%，非常不满意的分别为

15.4%、19.6%、15.0%和19.6%。

进一步分析发现，来自行政机关、事业单位和企业这三类单位的被调查者，和事业单位中来自部属事业单位、省属事业单位、地（市）属事业单位和县（区、市）属事业单位的被调查者对该问题的回答不存在显著差异。

（二）对"当前福利政策"的评价

调查数据表明，对我省为科技人才提供的福利政策感到非常满意、比较满意、不太满意和非常不满意所占的比重分别为9.9%、41.1%、28.8%和8.5%，见表4-51。

表4-51 对我省为科技人才提供的福利政策的评价（不同类型单位）

单位	评价	非常满意	比较满意	不太满意	完全不满意	不了解
总体	频次	229	954	670	198	267
	百分比	9.9	41.1	28.8	8.5	11.5
行政机关	频次	5	26	8	2	8
	百分比	10.0	52.0	16.0	4.0	16.0
事业单位	频次	150	686	543	164	184
	百分比	8.7	39.7	31.4	9.5	10.6
企业	频次	67	205	97	23	62
	百分比	14.7	44.9	21.2	5.0	13.6

表4-52 对我省为科技人才提供的福利政策的评价（不同层级事业单位）

单位	评价	非常满意	比较满意	不太满意	完全不满意	不了解
部属单位	频次	36	187	132	40	47
	百分比	8.1	42.3	29.9	9.0	10.6
省属单位	频次	81	408	329	98	104
	百分比	7.9	40.0	32.3	9.6	10.2
地（市）属单位	频次	20	52	57	14	24
	百分比	12.0	31.1	34.1	8.4	14.4
县（区、市）属单位	频次	13	42	25	12	9
	百分比	12.7	41.2	24.5	11.8	8.8

表4-52表明，在不同级别的事业单位中，科技人员对激励政策和措施感到非常满意的分别为8.1%、7.9%、12.0%和12.7%，选择比较满意的分别为42.3%、40.0%、31.1%和41.2%，选择不太满意的分别为29.9%、32.3%、34.1%和24.5%，选择完全不满意的分别为9.0%、9.6%、8.4%和11.8%。

进一步分析发现，来自行政机关、事业单位和企业这三类单位的被调查者，和事业单位中来自部属事业单位、省属事业单位、地（市）属事业单位和县（区、市）属事业单位的被调查者对该问题的回答不存在显著差异。

（三）对"成果转化情况"的评价

成果转化情况与创新创业的回报和薪酬密切相关。调查数据表明，对科研（技术）成果能否得到有效转化感到非常满意、比较满

意、不太满意和非常不满意所占的比重分别为 11.4%、45.0%、
30.9% 和 5.3%，见表4-53。

表4-53　对科研（技术）成果能够得到有效转化的评价（不同类型单位）

单位	评价	非常满意	比较满意	不太满意	完全不满意	不了解
总体	频次	265	1045	717	123	162
	白分比	11.4	45.0	30.9	5.3	7.0
行政机关	频次	4	21	7	1	13
	百分比	8.0	42.0	14.0	2.0	26.0
事业单位	频次	159	733	611	106	117
	百分比	9.2	42.4	35.4	6.1	6.8
企业	频次	94	248	78	10	23
	百分比	20.6	54.3	17.1	2.2	5.0

表4-54　对科研（技术）成果能够得到有效转化的评价（不同层级事业单位）

单位	评价	非常满意	比较满意	不太满意	完全不满意	不了解
部属单位	频次	53	201	143	22	22
	百分比	12.0	45.5	32.4	5.0	5.0
省属单位	频次	70	418	387	66	79
	百分比	6.9	41.0	37.9	6.5	7.7
地（市）属单位	频次	22	74	53	13	5
	百分比	13.2	44.3	31.7	7.8	3.0
县（区、市）属单位	频次	14	42	29	5	11
	百分比	13.7	41.2	28.4	4.9	10.8

从表 4 - 54 中我们可以看出，各级事业单位的科技人员对科技成果的转化感到非常满意的分别为 12.0%、6.9%、13.2% 和 13.7%，选择比较满意的分别为 45.5%、41.0%、44.3% 和 41.2%，选择不太满意的分别为 32.4%、37.9%、31.7% 和 28.4%，完全不满意的分别为 5.0%、6.5%、7.8% 和 4.9%。

通过对行政机关、事业单位和企业的样本进行比较发现，来自这三类单位的被调查者对这个问题的回答没有显著差异。但是，事业单位中来自部属事业单位、省属事业单位、地（市）属事业单位和县（区、市）属事业单位的被调查者对该问题的回答存在显著差异，省属单位的科技人才对该问题的评价得分显著低于部属单位、地（市）属单位。

第三节　科技人才对完善创新创业
激励机制的建议和期许

本部分主要是对问题进行描述性分析。在对总体情况进行分析的基础上，进一步对行政单位、事业单位和企业这三类不同类型的单位，以及对部属、省属、市属和县（市、区）属这四类不同级别的事业单位的情况进行比较。

一、对"困难和制约因素"的分析

(一) 关于"创新创业的主要困难"

调查数据表明，很难争取到项目、经费不足是创新创业中最主要的困难，选择这两项的分别占48.77%和14.68%

在行政单位中，问卷所反映出来的主要困难是很难争取到项目（18.0%）和经费不足（14.0%）。

在事业单位中，反映很难争取到项目的人占到58.8%，其次是经费不足（13.3%）。

在企业中，总的来看反映较多的困难是很难争取到项目（22.6%）和经费不足（21.9%）。

表4-55　在创新创业中碰到的主要困难（不同类型单位）

选项	百分比			
	总体	行政机关	事业单位	企业
很难争取到项目	48.8%	18.0%	58.8%	22.6%
经费不足	14.7%	14.0%	13.3%	21.9%
缺少科研和学术氛围	7.6%	4.0%	6.8%	12.2%
研发方向不被重视	3.2%	0.0%	3.2%	4.0%
科研工作不受重视	1.8%	0.0%	1.8%	1.9%
科技管理制度不灵活	5.8%	14.0%	5.1%	8.2%
工作流动困难	0.5%	0.0%	0.4%	0.8%
缺乏条件扶持	3.3%	4.0%	3.0%	4.6%

续表

选项	百分比			
	总体	行政机关	事业单位	企业
国际交流机会不多	3.0%	2.0%	1.8%	7.8%
难以获取有效的信息	2.6%	0.0%	1.4%	7.6%
工作时间无法保证	2.8%	0.0%	3.5%	1.1%
学术成果被剽窃	0.3%	2.0%	0.2%	0.8%
其他	0.9%	8.0%	0.4%	1.9%

表 4-56　在创新创业中碰到的主要困难（不同层级事业单位）

选项	百分比			
	部属	省属	市属	县属
很难争取到项目	53.8%	62.8%	54.5%	48.0%
经费不足	17.0%	12.0%	9.0%	18.6%
缺少科研和学术氛围	7.9%	5.6%	10.2%	7.8%
研发方向不被重视	2.9%	3.4%	1.8%	3.9%
科研工作不受重视	2.3%	1.7%	3.0%	0.0%
科技管理制度不灵活	4.8%	5.0%	5.4%	6.9%
工作流动困难	0.2%	0.5%	0.6%	0.0%
缺乏条件扶持	2.7%	3.3%	1.8%	2.9%
国际交流机会不多	1.6%	1.3%	4.8%	3.9%
难以获取有效的信息	1.1%	1.1%	3.6%	2.9%
工作时间无法保证	4.8%	2.9%	5.4%	1.0%
学术成果被剽窃	0.5%	0.1%	0.0%	0.0%
其他	0.2%	0.3%	0.0%	2.9%

(二)关于"影响创新创业积极性的主要制约因素"

调查数据表明,将主要科研激励机制不完善、项目等科技资源分配不合理排在第一位的科技人才分别占23.8%和23.4%。

行政机关中,科技人才认为影响创新创业积极性的主要制约因素是主要领导重视程度不够(26.0%)和科研激励机制不完善(20.0%)。

事业单位中,科技人才认为影响他们创新创业积极性的主要制约因素是项目等科技资源分配不合理(28.9%)和科研激励机制不完善(23.7%)。

企业中,影响科技人才创新创业积极性的主要制约因素是科研激励机制不完善(28.1%)和主要领导重视程度不够(16.9%)。

表4-57 影响创新创业积极性的主要制约因素(不同类型单位)

选项	百分比			
	总体	行政机关	事业单位	企业
主要领导重视程度不够	10.7%	26.0%	9.0%	16.9%
政府有关部门支持力度不够	6.2%	6.0%	5.6%	9.3%
科研激励机制不完善	23.8%	20.0%	23.7%	28.1%
科研经费投入不足	14.1%	8.0%	14.7%	14.8%
项目等科技资源分配不合理	23.4%	6.0%	28.9%	8.6%
科研工作条件差	4.2%	4.0%	4.7%	3.2%
人才成长的相关法规落实不到位	4.2%	2.0%	4.0%	5.7%
科技信息的获取和交流困难	2.1%	0.0%	1.9%	3.4%
科技成果的评价体系不健全	3.6%	2.0%	4.2%	1.9%

续表

选项	百分比			
	总体	行政机关	事业单位	企业
社会保障体系不健全	2.6%	2.0%	2.9%	2.1%
其他	0.6%	2.0%	0.2%	2.1%

表4-58　影响创新创业积极性的主要制约因素（不同层级事业单位）

选项	百分比			
	部属	省属	市属	县属
主要领导重视程度不够	6.8%	9.1%	12.6%	10.8%
政府有关部门支持力度不够	4.1%	6.0%	7.8%	5.9%
科研激励机制不完善	20.1%	24.8%	22.8%	29.4%
科研经费投入不足	17.0%	14.0%	12.0%	16.7%
项目等科技资源分配不合理	33.3%	29.2%	22.8%	17.6%
科研工作条件差	3.6%	5.1%	5.4%	3.9%
人才成长的相关法规落实不到位	2.5%	4.1%	6.0%	5.9%
科技信息的获取和交流困难	1.1%	1.8%	4.8%	2.0%
科技成果的评价体系不健全	6.8%	3.1%	4.2%	3.9%
社会保障体系不健全	4.5%	2.5%	1.8%	1.0%
其他	0.0%	0.2%	0.0%	2.0%

二、对"当前最需要的"和"主要生活困难"的分析

（一）关于"科技人才目前最需要的"

调查数据表明，将增加科研项目，覆盖更多科研人员和对优秀人

才实行 3～5 年的稳定经费支持排在第一位的科技人才分别占
35.43%、16.62%。

行政机关中，20.0% 的人员认为最重要的是增加科研项目，覆盖
更多科研人员，其次，16.0% 的人员认为是加强对科研支撑人员的
支持。

在事业单位中，科技人才最看重的是增加科研项目，覆盖更多科
研人员（40.8%），其次是对优秀人才实行 3～5 年的稳定经费支持
（16.7%）。

在企业中，科技人才最需要的是增加科研项目，覆盖更多科研人
员（22.4%），对优秀人才实行 3～5 年的稳定经费支持也有较高比例
的需求，为 19.0%。

表 4－59 科技人才目前最需要的（不同类型单位）

选项	百分比			
	总体	行政机关	事业单位	企业
增加科研项目，覆盖更多科研人员	35.4%	20.0%	40.8%	22.4%
提高单个项目的经费额度	8.4%	14.0%	6.6%	15.2%
建立青年科研人员专项资助基金	13.8%	8.0%	15.9%	8.9%
减少课题项目的考核频率	3.0%	4.0%	3.0%	3.2%
对优秀人才实行 3～5 年的稳定经费支持	16.6%	14.0%	16.7%	19.0%
加强对科研支撑人员的支持	6.9%	16.0%	5.5%	12.0%
加快构建团队合作机制	10.9%	10.0%	10.6%	13.7%
其他	0.6%	0.0%	0.5%	1.1%

表 4-60 科技人才目前最需要的（不同层级事业单位）

选项	百分比			
	部属	省属	市属	县属
增加科研项目，覆盖更多科研人员	39.1%	42.2%	36.5%	43.1%
提高单个项目的经费额度	8.1%	5.0%	12.0%	8.8%
建立青年科研人员专项资助基金	12.7%	17.5%	16.2%	12.7%
减少课题项目的考核频率	4.8%	2.5%	2.4%	2.0%
对优秀人才实行 3~5 年的稳定经费支持	20.6%	15.6%	15.6%	13.7%
加强对科研支撑人员的支持	4.8%	5.7%	6.0%	5.9%
加快构建团队合作机制	8.6%	11.3%	10.8%	11.8%
其他	1.1%	0.2%	0.6%	1.0%

（二）关于"目前生活中急需解决的主要问题"

调查数据表明，将工资待遇偏低、职称晋升困难排在第一位的科技人才所占比重分别为 38.70% 和 13.34%。

综合各个因素的选择情况表明，在行政单位中最急需解决的问题是工资待遇偏低（30.0%），其次是继续深造机会少和研究成果转化困难，选择这两项的均为 10.0%。

在事业单位中，工资待遇偏低也是最急需解决的问题（41.8%），其次是职称晋升困难（16.3%）。

在企业中最急需解决的问题依旧是工资待遇低（34.0%），其次是继续深造机会少（22.2%）。

表4-61 目前生活中急需解决的主要问题（不同类型单位）

选项	百分比			
	总体	行政机关	事业单位	企业
工资待遇偏低	38.7%	30.0%	41.8%	34.0%
住房条件差	12.7%	6.0%	14.0%	10.3%
子女升学和就业困难	3.0%	4.0%	2.9%	3.6%
学术交流困难	6.3%	2.0%	5.5%	10.8%
继续深造机会少	12.4%	10.0%	10.3%	22.2%
研究成果转化困难	6.2%	10.0%	6.5%	5.7%
职称晋升困难	13.3%	4.0%	16.3%	5.3%
工作调动困难	0.6%	0.0%	0.8%	0.2%
其他	1.9%	8.0%	1.6%	3.0%

表4-62 目前生活中急需解决的主要问题（不同层级事业单位）

选项	百分比			
	部属	省属	市属	县属
工资待遇偏低	41.4%	42.5%	40.1%	41.2%
住房条件差	11.8%	16.4%	7.2%	11.8%
子女升学和就业困难	1.8%	3.4%	2.4%	2.9%
学术交流困难	2.9%	5.1%	12.0%	9.8%
继续深造机会少	6.8%	10.9%	18.0%	7.8%
研究成果转化困难	7.2%	6.5%	3.0%	8.8%
职称晋升困难	25.3%	12.6%	16.2%	15.7%
工作调动困难	0.7%	0.8%	1.2%	0.0%
其他	1.8%	1.8%	0.0%	1.0%

三、对"有效激励手段和需要改革的因素"的分析

(一)关于"激发创新创业激情最有效的手段"

数据表明，将提供科研条件、一次性货币奖励排在第一位的科技人才分别占30.48%和23.50%。

在行政单位，排在第一位的为一次性货币奖励（28.0%），其次是提供科研条件（24.0%）；在事业单位中，提供科研条件占到了（35.2%），随后是一次性货币奖励（21.8%）；在企业，选择一次性奖励占到了32.5%，其次为提供科研条件（18.4%）。

表4-63　激发创新创业激情最有效的手段（不同类型单位）

选项	百分比			
	总体	行政机关	事业单位	企业
一次性货币奖励	23.5%	28.0%	21.8%	32.5%
加薪	14.7%	6.0%	14.8%	17.3%
晋升	13.5%	6.0%	15.9%	7.6%
提供培训机会	6.5%	2.0%	5.7%	10.8%
提供科研条件	30.5%	24.0%	35.2%	18.4%
股票期权	3.7%	2.0%	3.2%	6.1%
额外福利	1.2%	4.0%	1.1%	1.7%
授予荣誉称号	1.3%	2.0%	1.4%	1.3%
其他	0.7%	2.0%	0.7%	0.6%

表 4 - 64　激发创新创业激情最有效的手段（不同层级事业单位）

选项	百分比			
	部属	省属	市属	县属
一次性货币奖励	18.3%	24.0%	18.6%	20.6%
加薪	13.3%	14.8%	18.6%	15.7%
晋升	19.9%	14.7%	13.2%	14.7%
提供培训机会	2.5%	6.4%	8.4%	8.8%
提供科研条件	40.0%	34.2%	32.9%	29.4%
股票期权	3.2%	2.7%	4.8%	4.9%
额外福利	0.7%	1.5%	0.0%	1.0%
授予荣誉称号	1.4%	1.0%	3.0%	3.9%
其他	0.7%	0.7%	0.6%	1.0%

（二）关于"为激发创新创业应重点开展的改革创新"

数据表明，将薪酬分配制度、科技评价制度排在第一位的科技人才分别占 32.1% 和 17.7%。

不论在行政单位、事业单位还是企业单位，被列在第一位的都是薪酬分配制度，比例分别为 26.0%，32.8%，34.6%。在行政单位第二位是科技评价制度（20.0%）；在事业单位，第二位是科技计划立项评审（21.0%）；在企业，第二位是科技奖励制度（21.3%）。

表4-65 为激发创新创业应重点开展的改革创新（不同类型单位）

选项	百分比			
	总体	行政机关	事业单位	企业
薪酬分配制度	32.1%	26.0%	32.8%	34.6%
科技评价制度	17.7%	20.0%	18.6%	16.7%
科技奖励制度	11.3%	12.0%	9.0%	21.3%
院士和省特级专家制度	1.0%	0.0%	1.1%	0.8%
科技计划立项评审	17.0%	4.0%	21.0%	6.5%
科研经费使用制度	5.0%	2.0%	5.1%	5.3%
科技管理体制	5.6%	8.0%	5.7%	6.1%
科技诚信制度	5.5%	4.0%	6.2%	3.6%
其他	0.5%	2.0%	0.3%	1.1%

表4-66 为激发创新创业应重点开展的改革创新（不同层级事业单位）

选项	百分比			
	部属	省属	市属	县属
薪酬分配制度	32.4%	33.5%	32.3%	29.4%
科技评价制度	21.7%	17.4%	18.0%	19.6%
科技奖励制度	6.8%	9.7%	9.0%	11.8%
院士和省特级专家制度	2.3%	0.7%	0.6%	1.0%
科技计划立项评审	19.5%	22.5%	18.6%	15.7%
科研经费使用制度	4.8%	4.9%	8.4%	3.9%
科技管理体制	5.4%	5.0%	7.8%	9.8%
科技诚信制度	6.8%	6.0%	5.4%	7.8%
其他	0.5%	0.3%	0.0%	1.0%

四、对"政府改进工作的期许因素"的分析

(一) 关于"政府在激发创新创业活动中最需要工作"

调查数据表明,将完善公平合理的科技立项程序与审批制度、完善科技成果的评价和奖励制度排在第一位的分别占 61.56%和 10.98%。

行政机关中的科技人才认为完善公平合理的科技立项程序与审批制度 (42.0%)、完善科技成果的评价和奖励制度 (16.0%) 是政府的最重要的责任。科技人才最需要的是一个公平的平台,其次是自己的知识产权以及获得一定的荣誉和物质奖励。

事业单位中的科技人才认为政府最需要做的是完善公平合理的科技立项程序与审批制度 (69.8%) 和完善科技成果的评价和奖励制度 (8.8%)。与行政机关的科技人才相似,事业单位的科技人才也希望政府能够制定公平合理的科技立项程序与审批制度。

企业里,科技人才同样希望政府能够完善公平合理的科技立项程序与审批制度 (43.0%),其次是完善科技成果的评价和奖励制度 (20.0%)。

表4-67 政府在激发创新创业中最需要做的（不同类型单位）

选项	百分比			
	总体	行政机关	事业单位	企业
完善公平合理的科技立项程序与审批制度	61.6%	42.0%	69.6%	43.0%
保护知识产权	6.8%	8.0%	5.0%	14.3%
完善科技成果的评价和奖励制度	11.0%	16.0%	8.8%	20.0%
建设便捷的基础设施	2.7%	0.0%	2.5%	4.0%
营造廉洁高效的科技创新服务环境	7.0%	8.0%	7.0%	7.8%
促进人才合理流动	1.4%	0.0%	1.3%	2.3%
完善公平公正公开的用人制度	2.6%	2.0%	2.7%	2.7%
加快科研诚信制度建设	2.3%	2.0%	2.7%	1.3%
其他	0.3%	2.0%	0.2%	0.6%

表4-68 政府在激发创新创业中最需要做的（不同层级事业单位）

选项	百分比			
	部属	省属	市属	县属
完善公平合理的科技立项程序与审批制度	69.9%	71.1%	67.1%	58.8%
保护知识产权	5.2%	4.3%	5.4%	10.8%
完善科技成果的评价和奖励制度	9.3%	8.7%	8.4%	8.8%
建设便捷的基础设施	2.0%	2.9%	1.8%	2.0%
营造廉洁高效的科技创新服务环境	7.0%	6.4%	9.6%	9.8%
促进人才合理流动	1.8%	0.8%	3.0%	1.0%
完善公平公正公开的用人制度	1.6%	3.0%	3.0%	3.9%
加快科研诚信制度建设	3.2%	2.6%	1.8%	2.9%
其他	0.0%	0.1%	0.0%	2.0%

（二）关于"为激发企业人才创新创业应着重加强的工作"

数据表明，将政府科技计划和项目向企业倾斜、推进产学研技术创新团队排在第一位的科技人才所占比重分别为24.24%和22.56%。

行政机关的科技人才认为，加大重点实验室等创新基地在企业建设的力度（16.0%），制定优惠政策引导科研机构和高等学校人才向企业流动和服务企业（14.0%）是最应着重加强的工作。

事业单位的科技人才认为，为激发企业科技人才创新创业，应当推进产学研技术创新团队、战略联盟建设（27.2%），政府科技计划和项目也应当向企业倾斜（20.0%）。可见事业单位的科技人才最关注的是技术创新团队、战略联盟的建设。

企业的科技人才认为，政府科技计划和项目向企业倾斜（42.2%）是最应加强的工作，其次是推进产学研技术创新团队、战略联盟建设（10.5%）。

表4-69 为激发企业人才创新创业应着重加强的工作（不同类型单位）

选项	百分比			
	总体	行政机关	事业单位	企业
政府科技计划和项目向企业倾斜	24.2%	6.0%	20.0%	42.2%
加大重点实验室等创新基地在企业建设的力度	14.4%	16.0%	16.3%	10.3%
推进产学研技术创新团队、战略联盟建设	22.6%	10.0%	27.2%	10.5%
在企业建立和实施股权、期权、岗位分红等激励机制	6.8%	4.0%	6.8%	8.0%

续表

选项	百分比			
	总体	行政机关	事业单位	企业
落实税收、科技金融等企业创新优惠政策	5.4%	12.0%	4.9%	6.8%
制定优惠政策引导科研机构和高等学校人才向企业流动和服务企业	11.3%	14.0%	13.0%	7.4%
鼓励企业建立研发人员职业发展专门通道，提高其地位和待遇	8.4%	8.0%	8.9%	8.0%
鼓励企业建立技能人才职业发展专门通道，提高其地位和待遇	1.6%	4.0%	1.6%	1.9%
其他	0.9%	2.0%	1.0%	0.8%

表4-70　为激发企业人才创新创业应着重加强的工作（不同层级事业单位）

选项	百分比			
	部属	省属	市属	县属
政府科技计划和项目向企业倾斜	18.8%	19.4%	22.8%	28.4%
加大重点实验室等创新基地在企业建设的力度	14.9%	18.0%	10.2%	15.7%
推进产学研技术创新团队、战略联盟建设	34.4%	25.2%	26.3%	16.7%
在企业建立和实施股权、期权、岗位分红等激励机制	7.0%	6.8%	5.4%	8.8%
落实税收、科技金融等企业创新优惠政策	4.8%	5.2%	3.6%	4.9%
制定优惠政策引导科研机构和高等学校人才向企业流动和服务企业	8.6%	13.9%	18.6%	13.7%

选项	百分比			
	部属	省属	市属	县属
鼓励企业建立研发人员职业发展专门通道，提高其地位和待遇	8.8%	9.1%	10.2%	6.9%
鼓励企业建立技能人才职业发展专门通道，提高其地位和待遇	1.4%	1.6%	1.8%	2.9%
其他	1.4%	0.8%	0.6%	2.0%

（三）关于"为造就一流人才需要重点加强的工作"

数据表明，将创造"尊重知识，尊重人才"的社会环境、改革科技管理体制排在第一位的科技人才所占比重分别为 47.01% 和 13.95%。

在行政单位中，科技人员认为最需加强的是健全鼓励创新的激励机制（30.0%）和改革科技管理体制（18.0%）。

在事业单位和企业，被排在首位的是创造"尊重知识，尊重人才"的社会环境，比例分别为事业 47.3%、企业 53.2%。而在事业单位中，科技人才认为其次是改革科技管理体制，比例为 15.1%。企业中排在第二位的是健全鼓励创新的激励机制（13.5%）。

表 4-71 为造就世界一流、国内顶尖的科学家和科技领军人才

需要重点加强的工作（不同类型单位）

选项	百分比			
	总体	行政机关	事业单位	企业
创造"尊重知识，尊重人才"的社会环境	47.0%	0.0%	47.3%	53.2%
改革科技管理体制	13.9%	18.0%	15.1%	11.4%
健全鼓励创新的激励机制	11.5%	30.0%	11.4%	13.5%
加大科研经费投入	6.2%	14.0%	6.9%	4.6%
扩大选才识才的范围	2.6%	6.0%	3.0%	1.9%
建立科技人才交流引进的机制和渠道	3.7%	8.0%	3.5%	5.5%
鼓励科学家自由探索	10.3%	4.0%	12.3%	5.5%
其他	0.4%	2.0%	0.3%	0.4%

表 4-72 为造就世界一流、国内顶尖的科学家和科技领军人才

需要重点加强的工作（不同层级事业单位）

选项	百分比			
	部属	省属	市属	县属
创造"尊重知识，尊重人才"的社会环境	40.5%	49.2%	52.1%	50.0%
改革科技管理体制	15.6%	15.4%	13.2%	13.7%
健全鼓励创新的激励机制	13.6%	10.1%	12.0%	15.7%
加大科研经费投入	7.7%	6.6%	7.2%	5.9%
扩大选才识才的范围	3.6%	2.6%	4.8%	1.0%
建立科技人才交流引进的机制和渠道	2.9%	3.3%	5.4%	3.9%

选项	百分比			
	部属	省属	市属	县属
鼓励科学家自由探索	15.8%	12.5%	4.8%	7.8%
其他	0.2%	0.3%	0.0%	2.0%

（四）关于"当前最需要出台的政策措施"

数据表明，科技人才将实施有利于科技人才潜心研究的政策和实施支持青年科技人才脱颖而出的政策排在第一位的所占比重分别为56.44%和13.78%。

行政机关的科技人才认为，实施有利于高层次创新型科技人才发展的政策（18.0%）、实施支持青年科技人才脱颖而出的政策（18.0%）和实施支持科技人才创业的政策（16.0%）是加快科技人才队伍建设最需要出台的政策措施。

事业单位的科技人才认为，实施有利于科技人才潜心研究的政策（64.2%）和实施支持青年科技人才脱颖而出的政策（14.1%）是为加快科技人才队伍建设最需要出台的政策措施。

企业的科技人才认为，实施有利于科技人才潜心研究的政策（38.2%）和实施有利于高层次创新型科技人才发展的政策（18.4%）是当前工作的重中之重。

表 4 - 73 为加快科技人才队伍建设，当前最需要出台的政策措施

（不同类型单位）

选项	百分比			
	总体	行政机关	事业单位	企业
实施有利于科技人才潜心研究的政策	56.4%	6.0%	64.2%	38.2%
实施有利于高层次创新型科技人才发展的政策	10.9%	18.0%	9.4%	18.4%
实施支持青年科技人才脱颖而出的政策	13.8%	18.0%	14.1%	14.3%
实施支持科技人才创业的政策	4.5%	16.0%	3.7%	8.0%
实施引导科技人才向企业流动的政策	2.5%	12.0%	1.2%	8.0%
实施鼓励科技人才到农村和艰苦边远地区工作的政策	0.6%	4.0%	0.5%	1.3%
实施吸引高端人才来浙创业创新的政策	2.2%	2.0%	1.8%	3.6%
健全和落实科研诚信制度	3.1%	4.0%	3.4%	2.5%
实施促进科技人才国际化的政策	1.4%	0.0%	1.5%	1.3%
其他	0.3%	2.0%	0.2%	0.4%

表4-74 为加快科技人才队伍建设，当前最需要出台的政策措施

(不同层级事业单位)

选项	百分比			
	部属	省属	市属	县属
实施有利于科技人才潜心研究的政策	69.9%	63.3%	61.1%	53.9%
实施有利于高层次创新型科技人才发展的政策	7.2%	10.1%	9.6%	10.8%
实施支持青年科技人才脱颖而出的政策	12.2%	14.2%	18.0%	14.7%
实施支持科技人才创业的政策	1.6%	4.0%	3.6%	9.8%
实施引导科技人才向企业流动的政策	0.0%	1.7%	1.2%	2.0%
实施鼓励科技人才到农村和艰苦边远地区工作的政策	0.2%	0.4%	1.2%	1.0%
实施吸引高端人才来浙创业创新的政策	1.4%	1.8%	1.8%	3.9%
健全和落实科研诚信制度	5.7%	2.8%	2.4%	1.0%
实施促进科技人才国际化的政策	1.8%	1.6%	1.2%	1.0%
其他	0.0%	0.1%	0.0%	2.0%

(五) 关于"希望政府提供的主要创业支持"

数据表明，排在首位的是专项资金支持 (58.54%)，其次是净化创业环境，减少行政干扰 (9.73%)。

在行政单位中，占比最多的是税收优惠政策（38.0%）和创业所需的优惠经营场地（18.0%）。

在事业单位和企业中排在首位的是专项资金支持，比例分别为60.8%，58.9%。事业单位中第二位是净化创业环境，减少行政干扰（11.6%），企业中占据第二位的是税收优惠政策（14.8%）。可见税收十分重要，而且鉴于创业初期资金需求量大，一些针对创业公司的退税以及税收减免的政策将对创业的启动和资金的流转起到重要的作用。

表4-75　希望政府提供的主要创业支持措施（不同类型单位）

选项	百分比			
	总体	行政机关	事业单位	企业
专项资金支持	58.5%	4.0%	60.8%	58.9%
税收优惠政策	9.0%	38.0%	7.9%	14.8%
项目孵化所需的创新服务	9.5%	16.0%	10.2%	8.2%
创业所需的优惠经营场地	4.6%	18.0%	4.4%	6.1%
项目产业化合作者	4.0%	2.0%	4.6%	3.0%
净化创业环境，减少行政干扰	9.7%	2.0%	11.6%	4.9%
其他	0.3%	2.0%	0.3%	0.2%

表4-76　希望政府提供的主要创业支持措施（不同层级事业单位）

选项	百分比			
	部属	省属	市属	县属
专项资金支持	55.9%	62.6%	59.3%	68.6%
税收优惠政策	8.4%	7.5%	11.4%	4.9%

选项	百分比			
	部属	省属	市属	县属
项目孵化所需的创新服务	11.3%	9.7%	9.0%	11.8%
创业所需的优惠经营场地	4.1%	4.6%	4.8%	3.9%
项目产业化合作者	5.2%	4.2%	5.4%	3.9%
净化创业环境，减少行政干扰	14.5%	11.1%	10.2%	5.9%
其他	0.5%	0.3%	0.0%	1.0%

五、对省级项目支持对象的分析

（一）关于"省级重大项目的主要支持对象"

数据表明，选择将进步较快、省内学术技术地位突出的中青年中坚人才、经常获得国家、省部级项目支持的、功成名就的领军人才作为省级重大项目的主要支持对象的比例最高，分别为 75.5% 和 12.4%。

在这个问题上，行政机关（56.0%）、事业单位（80.0%）和企业（71.7%）的大部分科技人才一致认为省科技厅及其他省级部门的重大项目主要应支持进步较快、省内学术技术地位突出的中青年中坚人才。而认为省科技厅及其他省级部门的重大项目主要应支持经常获得国家、省部级项目支持的、功成名就的领军人才的比例较小，行政机关、事业单位和企业分别为 14.0%、11.7% 和 16.5%。

表 4 - 77 省科技厅及其他省级部门重大项目的主要支持对象

(不同类型单位)

选项	百分比			
	总体	行政机关	事业单位	企业
经常获得国家、省部级项目支持的,功成名就的领军人才	12.4%	14.0%	11.7%	16.5%
进步较快、省内学术技术地位突出的中青年中坚人才	75.5%	56.0%	80.0%	71.7%
起点较高、初出茅庐的青年人才	5.7%	6.0%	5.8%	6.1%
其他	1.9%	2.0%	2.3%	1.1%

表 4 - 78 省科技厅及其他省级部门重大项目的主要支持对象

(不同层级事业单位)

选项	百分比			
	部属单位	省属单位	地（市）属单位	县（区、市）属单位
经常获得国家、省部级项目支持的,功成名就的领军人才	9.0%	13.3%	14.4%	3.9%
进步较快、省内学术技术地位突出的中青年中坚人才	83.7%	78.2%	79.0%	84.3%
起点较高、初出茅庐的青年人才	5.7%	5.8%	5.4%	8.8%
其他	1.6%	2.6%	1.2%	2.9%

（二）关于"省级一般项目的主要支持对象"

数据表明，选择将起点较高、初出茅庐的青年人才和进步较快、省内学术技术地位突出的中青年中坚人才作为省级一般项目的主要支持对象的人数最多，所占比例分别为68.1%和20.3%。

行政单位中支持青年人才的占42.0%，支持中青年中坚人才的占30.0%；对应的选项在事业单位中的比例为73.9%和18.1%；在企业中占59.5%和30.0%。

表4-79 省科技厅及其他省级部门一般项目的主要支持对象（不同类型单位）

选项	百分比			
	总体	行政机关	事业单位	企业
经常获得国家、省部级项目支持的，功成名就的领军人才	1.6%	4.0%	1.2%	3.0%
进步较快、省内学术技术地位突出的中青年中坚人才	20.3%	30.0%	18.1%	30.0%
起点较高、初出茅庐的青年人才	68.1%	42.0%	73.9%	59.5%
其他	5.4%	0.0%	6.4%	3.0%

表 4 - 80 省科技厅及其他省级部门一般项目的主要支持对象

(不同层级事业单位)

选项	百分比			
	部属单位	省属单位	地（市）属单位	县（区、市）属单位
经常获得国家、省部级项目支持的，功成名就的领军人才	1.1%	1.3%	1.2%	1.0%
进步较快、省内学术技术地位突出的中青年中坚人才	13.6%	20.8%	18.6%	12.7%
起点较高、初出茅庐的青年人才	80.3%	71.3%	74.3%	72.5%
其他	4.8%	6.5%	6.0%	13.7%

第五章

关于浙江今后的政策建议

激励科技人才创新创业是一项长期的系统工程，需要放在构建和完善区域创新体系的全局中加以考量。在浙江，现阶段制约创新创业的因素主要来自观念的束缚、体制的桎梏和手段的滞后。浙江的创新创业要大幅跃升，从政府层面看，要按照"干在实处、走在前列"的要求，进一步革新理念、转变职能，在体制机制的突破上谋求破局。本部分主要从宏观、中观角度提出政策建议。

第一节　扭转阻碍创新创业的观念误区

现代创新理论自诞生之日起，就形成了制度创新和技术创新两大分支，两者之间如同 DNA 双螺旋结构，相互影响，相互反馈。制度环境深刻影响着技术创新的效率和质量，技术创新不断对制度环境产生变革和创新的要求。制度环境属于上层建筑和非物化的范畴，制度创新首先源于对谬误的纠正、对思想的解放和对理念的变革。

一、扭转"重物轻人"的误区

国外的一位诺贝尔经济学奖得主赫克曼为我们算了一笔账：中国当前国家层面，投资于物与投资于人的比例大致为 12∶1，在美国是 3∶1。据统计，我国 R&D 人员人均劳务成本为 0.5 万美元/人年，大约仅为日本的 1/12、韩国的 1/6。当前，在资源配置和投入上，用于基本建设、设备购置方面的开支被认为是"天经地义"，用于人员劳务费、教育培训、创新激励等方面的开支反而不足。在收益分配上，重单位轻个人的现象尤为突出，所谓"职务发明"收益分配给个人是"国有、集体、单位资产流失"的观念大行其道。这些想法和做法忽视了科技人才本身的价值，忽视了人这一生产力中最积极的因素，严重扼杀了创新的积极性和能动性，如不革除，将成为浙江乃至全国创新之路上的拦路虎和绊脚石。

二、扭转片面理解技术创新的误区

技术创新是一个从产生新产品或新工艺的设想到进入市场应用的完整过程，它包括新设想的产生、研究、开发、商业化生产到进入市场这样一系列活动，其本质是一个科技、经济一体化的过程，是技术进步与应用创新的"双螺旋结构"共同作用催生的产物。可以说，技术创新＝科学＋技术＋市场。因此，既不能把技术创新看作纯粹的技术行为，也不能将其看作纯粹的经济行为。前者不强调市场的导向作用，一方面将使企业和市场对技术的开发失去兴趣，另一方面将阻碍科研部门技术开发的进一步深化，增大技术转移的难度，使科技和经济"两张皮"。后者只强调技术创新中的市场导向，将使源头创新、技术开发得不到足够的重视，技术的利用也就失去源泉，成为无本之木。同时，在纯粹的市场导向下，对技术进行利用的结果可能对环境产生不可忽略的负面影响（比如农药、"瘦肉精"的滥用），与社会可持续发展的要求相背离。

三、扭转过度依赖市场的误区

当前，唯市场论的主要表现一是对"市场失灵"视而不见，在财政科技上的投入不足；二是在科技资源配置上过度强调竞争，突出表现为以课题制为主的科研资源竞争性分配方式。前者一方面会导致前瞻性和公益性研究、关键共性技术研发、战略产品开发上的严重滞后，另一方面会造成公共科研机构经费短缺，助长了评价和管理的非创新倾向。而后者一是增加了公共科研机构科研资源分配的不合理性：由于种种（合理和不合理的）原因，一些公共科研机构、科研人员经费过多，忙不过来；另一些公共科研机构、科研人员经费短缺，没事干。有政府部门管理的科研事项其研究项目经费往往充裕，甚至出现多个部门重复立项的现象；没有部门管理的重要科研事项却往往没有或只有很少的研究项目经费支持。二是科研经费来源的不确定性，科研工作的不稳定性，影响到科研队伍的稳定和科技人员专注于科研工作的投入度。三是课题竞争的生存化、无序化，助长了科技浮躁情绪，也助长了寻租行为。课题的不连续性也增加了科研团队建设的难度。

四、扭转过度计划、量化的误区

在当前的科技管理上，还存在行政管得过死、计划性要求太绝对、预算过细缺乏弹性等问题。科学本是探索活动，科学创新是不能顶先规定的，更是不能勉强的。数学大师陈省身曾说过："研究（尤其是纯粹数学的研究）没法子有计划。现在你要政府拨款或跟机关要经费的话，动不动要你有个计划，根据计划里头能够做出来的东西大概不是最有价值的。"但科技立项审批和过程管理方面做什么都要报批，做什么项目都要求填写精确计划，经费开支也要求精确预算。过多的限制与科研活动自由探索的本质以及创新过程充满未知的特点是相冲突的，是不适应创新的要求的，会使科研人员自主研发、自主创新的积极性受到抑制。

"量化"评估来自美国，国内由南京大学率先引进。南京大学中文系教授、文学院院长董健先生说："国内的'量化'管理的确受到了国外的影响，但是我们不加区分，将之极端化了。"相反，国外的学术期刊大都采用匿名评审，很多一流大学对学者也从来不搞量化考查。再如英格兰高等教育拨款委员会（HEFCE）每四到五年对高等学校的研究进行一次水平评估，评估结果直接影响拨款。但是该委员会的评估做法和我们国家不同，他们只要求研究者提交四项有代表性的科研成果，而不是多多益善。总之，在科学研究的领域，没有一个必然的量化标准。一旦科研只考核数量，而没有对质量的考查和对学界公认的匿名评审机制的建立，不但不能反映真实的学术价值，而且只会鼓励浮夸的学风盛行。

五、扭转追求"短、平、快"的误区

无论是突破性的重大创新还是杰出科技人才的养成都需要长期积累和持续努力，诺贝尔自然科学奖得主基本上都是毕生只研究一个专题的。对"短、平、快（项目周期短，平安、稳定，资金回流快）"项目的过度重视，会在价值导向上违背独立思考、自由探索、潜心研究的科学精神，违背创新创业的基本规律，催生出浮躁冒进、急功近利的不良风气。同时课题研究的短期化、非连续性，往往会导致科研工作无法深入，进而影响到科研的效率、质量和效益，延长了高层次创新型科技人才成长的周期，增加了青年科技人才成长的难度。

六、扭转行政权力、学术权利错位的误区

受长期存在的"官本位"思想以及计划经济体制影响，教育、科研机构基本是按行政方式设置的，学术机构的行政化现象非常严重。这主要表现为行政权力与学术权利界限模糊，分工不明，责任不清；行政权力坐大，学术权利矮化，以行政命令压制、代替学术决定的事情时有发生；机构臃肿，人浮于事，管理部门凌驾于研究部门之上。学术机构的行政化导致很多问题，如外行管内行、学术自主权得不到

保障、资源分配不公、专家"研而优则仕"导致人才流失等。这些问题极大地制约了科技创新人才的培养和创新能力的提高。解决这个问题的关键是建立行政权力与学术权利相互协调的教学、科研管理体制和运行机制，从法律层面上明确高校、科研机构学术权利的地位和责任，强化科研、教学自主的法律地位和运行机制，使专家成为科研目标、学科布局、资源配置决策的真正主体。

七、扭转裹足不前的误区

2012 年 2 月，人民日报发表社论《宁要微词，不要危机》，吹响了深化改革的号角，浙江也无可避免地面临这一艰巨的任务。浙江精神的核心是"干在实处、走在前列"，浙江经济社会和科技事业之所以能取得今天的成就，就是因为浙商敢闯敢为，以及各级政府敢于突破体制机制上不利于生产力发展的障碍，敢于先行先试。然而，目前全省上下都不同程度地出现了一种故步自封、小富即安、不敢创新的心态。现在一些体制机制上的障碍已经暴露无遗，但各地突破障碍的勇气却不相同。在很多方面，沪、苏、粤、鲁已经先试先行，并且取得了很好的效果。如果浙江缺乏解放思想的意识和勇气，原先所取得的优势完全可能会消失殆尽。

第二节 准确把握政府在推动创新
创业中的职能定位

准确把握定位要从两条线入手。一是把握角色定位。政府既是创新体系的建设者，又是参与者。在需要扮演"建设者"的角色时，不能当"甩手掌柜"；在需要扮演"参与者"的角色时，又不能"越俎代庖"。二是转变政府职能。由强势主导型政府向公共服务型政府转变，由全能政府向有限政府转变，实现防止"市场失灵"与防止"政府失灵"的辩证统一。基于公共服务与管理的总体职能，政府应当重点解决普遍性的困难和问题。

一、加强顶层设计和综合协调

21 世纪以来，科技发展日益进入技术创新和大科学时代。技术创新强调科技与经济的紧密结合，而经济管理是政府的重要职能。"大科学"是国际科技界新兴的概念，由美国社会科学学家普赖斯于 1962 年在以"小科学、大科学"为题的演讲中提出。大科学就其研究特点来看，主要表现为投资强度大、多学科交叉、需要昂贵且复杂的实验设备、研究目标宏大等。当前，虽然整个科技领域还分布着广泛的小科学研究，但是大科学已稳稳地占据了科技舞台的中心，重大基础研究、关键共性技术、战略产品开发等重大和具有前瞻性的集成创新依靠个人、个别单位、单个学科已经难以为继，需要跨区域、跨学科、跨产学研整合创新资源，持续高强度投入。

基于上述特点，当前创新创业迫切需要政府发挥顶层设计、持续投入、整合资源的作用。目前，顶层设计要重点解决两个问题。一是确定优先支持的创新领域、具体的项目以及相应评价的标准。这就需要结合浙江经济社会转型发展的需求进行专门研究，既要满足传统产业升级的需求，又要满足前瞻布局的要求。关于这一重大问题，政府应当持续关注、建立专门的研究队伍、追踪省内外、国内外科技和经济发展的特点、探求发展的规律、把握浙江的特点、搞好规划布局。二是在布局中将政府的调控与市场机制有机地结合起来，并在发展大科学项目的同时给予小科学项目生存的空间。自由探索的小科学项目通常是大科学项目的前期准备，两者之间存在辩证关系，因此在资源配置上，也要给小科学项目留下必要的盘子，"切蛋糕"的具体比例可以逐步探索。

二、优化政策环境

浙江的条件和现状决定了浙江今后的发展主要依靠优化创新环境、激发创新活力以实现创新驱动。现阶段，在建立健全激励创新创业的制度方面，需要重点关注四方面的问题。

一是政策工具的运用要与技术创新的不同阶段相适应。技术创新的最前端，更多地表现出公益性、非营利性的文化属性，以知识为主要产出，成果具有公共物品的特点；技术创新的中后端，更多地表现出功利性、营利性的经济属性，以产品、技术为主要产出，成果具有私人物品的特征。因此，公共政策的制定和运用，取决于如何在科技成果的功利性与公共品属性之间寻求平衡，既使其功利性得以充分发挥，又能确保其作为公共品的公共服务职能。在技术创新的最前端，政策应主要运用直接资助、物质与精神奖励等方式；而在中后端，应注重发挥市场机制和使用间接性的政策，比如扶持创新的信贷和税收工具、政府采购项目等。如果政策工具在使用上本末倒置，不但发挥不了杠杆效应，而且会造成巨大的浪费。

二是要大幅降低创新成本，提高违规成本。降低创新成本的方式有很多种，但核心问题无非两点。第一，就是政府要舍得让利于创新者，因为无论税收减免、信贷扶持、土地出让、财政补贴还是政府采购，都是需要政府从口袋里拿出真金白银来放水养鱼的。第二，就是政府要舍得放权，强力推进简政放权，加快减少行政层级，大力推进审批制度改革。第三，就是政府要提供公共服务和便利，比如市场和公共服务平台的建设，再如为科技人才的孩子上学、就医、家属落户提供便利等。第四，就是要建立长效的激励机制。比如提高科技人才的基础待遇、对科技创业进行孵化培育、落实支持创新的税收政策、降低创新要素交易成本等。这些比起很多一次性的投入和奖励，能发挥更持续的激励作用。当前，在这些政策措施方面，浙江省的问题主要是机制上相对保守、投入不大，实际操作中也不够灵活。一些已经出台的优惠政策区域限制的特点也比较明显，缺乏普惠全省、力度较大的激励政策。对于违规者的纵容，就是对创新者的亵渎。对于违法违规行为的监管和处置，基于行政成本，无法实现全程全天候监控，要点还是大幅提高违规成本，只有使违法违规者倾家荡产、身败名裂，才会让后人"不敢越雷池一步"。当前，浙江省除了专利保护与执法工作较突出以外，总体工作力度仍然不大。今后在查处科学不端行为、打击专利侵权等方面，要大幅提升检查监督的频率和打击力度。

三是要落实于个人，着眼于根本。能直接落实于个体、个人的政策，才是富有实效的政策。前述广东、南京等地出台的政策，是真正尊重规律、实事求是、力求治本的政策。根据理论分析和国内外的实践经验，制定实施激励创新创业的政策，要具有可操作性、能落实于科技人才本身才具有价值。要从尊重人才成长规律、满足人才物质、精神、发展需求的角度出发，有针对性地研究出台相应措施。比如要真正提高科研人员的收入和保障待遇，真正为人才流动松绑、真正让创新者能收获到与其付出和成果水平相对应的回报等。

四是要加强激励创新创业的地方立法工作。把历年来行之有效的政策和工作经验，特别是将涉及财政投入、经费管理、资源配置、成果转化收益分配、促进人才合理流动等方面的关键性条款纳入地方法规，从而建立一种刚性的长效机制。

三、加大财政投入

无论生产要素还是创新要素，浙江都很匮乏。浙江要实现创新驱动，就必须超常规投入。"十一五"期间，我省 R&D 经费投入强度均值（指全社会 R&D 经费投入与地区生产总值之比）为 1.59%。从"十一五"期末的 2010 年来看，排在京、沪、津、陕、苏之后，列第

六位。从国际数据来看，世界上主要创新型国家的 R&D 投入强度的
"及格线"为2%，浙江的投入强度与之相比小了近四分之一。"十一
五"期间，浙江省平均每年财政科技投入占财政支出的比重为
3.85%，但从 2007 年以来逐年下降。投入不足已经成为掣肘浙江创新
发展的一个瓶颈。

进入"十二五"阶段，浙江应当强化政府责任，加大财政科技投
入，并带动全社会 R&D 经费投入的提升。一是要保证每年财政科技投
入占财政支出的比重达到 4% 以上，同时预算内财政科技经费拨款的
增长幅度高于财政经常性收入增长，带动 R&D 经费投入，使其强度保
持在至少 2% 以上。二是集约使用财政科技经费，可参考广东省的做
法，减少经费管理部门，着力推动战略性新兴产业中核心领域的发展。
三是注重源头创新，财政科技投入中用于基础研究和应用研究的比重
可保持在20% 左右（全国"十一五"期间平均为 17.5%）。

四、建好平台、市场

所谓平台指的是公共科技创新服务平台，它是政府为创新创业提
供公共服务的重要载体。所谓市场，是指资源、资金、技术和人才等
创新要素市场，市场的健全将为创新要素的流动提供便利、降低其交
易成本。平台和市场均属于技术创新中的基础设施，是一种典型的公
共物品，不可能由单个企业或行业来承担，而基础设施恰恰是技术创
新活动开展的基础，关系到技术创新成果的质量和创新效率，因此必
须由政府出面建设。

当前，浙江省三类平台以及网上技术市场建设已经走在了全国前列，但仍未与创新创业的要求相适应。今后，在硬件建设（包括有形市场及其信息平台的搭建）、专业细分、信息处理（包括供需信息的甄别、梳理、对接服务等）、科技服务机构及其人员培育等方面还需要持续投入，加快建设步伐。

五、扶持中小企业

基于浙江省区域经济的特点和中小企业在创新体系中的重要地位，浙江省尤其要重视扶持和激励中小企业的技术创新。要积极向国家争取先行先试政策，积极争取让上海"两个中心"优惠政策能部分覆盖和延伸到浙江沿海地区，争取让福建海峡西岸经济区的优惠政策能部分覆盖和延伸到浙江东南和西南部地区，使浙江有更多符合条件的开发区升级为国家级的开发区。

在税收等政策方面，对浙江大量的以出口为导向的中小企业，要从出口退税、结构性减免税等方面进行扶持。对浙江一般贸易的转型升级和纺织服务行业的转型升级应给予特别扶持政策。从改革层面上，要争取让国家允许浙江在金融、土地等领域大胆地进行改革创新。从产业层面上，要切实解决中小企业在行业准入上的限制，引导中小企业加入战略性新兴产业。在创新路径上，要帮助中小企业加快推进品牌和标准化战略。

在技术研发上，要支持中小企业加强产学研合作。要加强"柔性引进"方式，引导高等院校、科研院所的优质创新资源向中小企业集聚。鼓励和支持中小企业与高校、院所联合共建实验室、联合开发项目、共同培养人才。鼓励和引导中小企业采取联合出资、委托开发等方式进行产学研合作，建立可靠的技术依托。要深入开展科技人员服务企业行动，通过科技特派员、创业导师等方式组织科技人员帮助中小企业解决技术难题。鼓励高校、院所以及各类财政性资金支持形成的科技成果向中小企业转移。鼓励高校、院所拥有科技成果的科技人员领办、创办企业。

在条件支撑上，要加强对中小企业技术创新的公共服务。要吸引中小企业按专业特色、产业链关系向开发区、园区和集聚区转移，形成产业集聚区。建设一批跨单位整合、市场化运作、企业化管理的区域创新服务平台，为中小企业提供设计、信息、研发、试验、检测、新技术推广、新技术培训等公共科技创新服务。推进高等院校、科研院所、大型企业的科技资源向中小企业开放，提供免费或低偿服务。

在人才队伍上，要重点关注管理人才和技能人才的引进和培养。当前，中小企业研发人才上的瓶颈可以通过产学研合作的方式来加以缓解，因此要更加注重科技型企业家、科技管理人才和技能型科技人才的培养。

六、倡导创新文化

科学技术是先进文化。大力弘扬创新精神，培育创新文化，加强科学知识、科学方法、科学思想、科学精神、科学道德的宣传教育，促进全民思想道德素质和科学文化素质的不断提高是政府的重要职责。推崇创新的社会文化和价值观，有利于促进科技人员不断提升需求层次，不断追求自我实现。当前在宏观环境上，一是要持之以恒地树立"尊重知识，尊重人才"的社会风气，让科技工作成为广受尊敬的一种社会职业；二是要进一步弘扬"以创新为荣，以守旧为耻"的创新文化，克服传统文化中"出头椽子先烂"等负面的阻滞因素，引导科技工作者以"立德"为先，自觉遵守科学道德，始终保持对祖国和人民的高度使命感，在科学探索上勇于做"别人没想到的事""别人想到了，不敢做的事""别人做了，做不好的事"，真正为国家强大和科技创新发展做出有价值的贡献。弘扬创新文化具体到企业经营管理领域，则要大力培育企业家精神，使经营管理人才富有创新精神、实干精神、开拓精神、拼搏精神和奉献精神，鼓励企业家在兴办企业、发展事业的同时，能服务于社会、造福于人民。

七、落实推动机制

要建立完善的法规约束机制、行政考核机制和评比准入机制，推动政府本身、高校院所和企业落实激励科技人才创新创业的办法和措施。

一是要加大相关法律法规的执法检查频率和力度，提升到法律层面推进这项工作。

二是深入开展"市县党政领导科技进步与人才工作目标责任制考核"和"科技强市和科技强县"创建活动，完善评估指标体系，推动各级政府加大力度、加快进度、着眼根本，构建激发创新创业的长效机制。

三是把高等院校、科研院所改进人才工作、科学建立和有效执行人才激励制度的情况纳入对教育科研机构的考评体系，并与资源配置挂钩。

四是把企业吸纳人才、扶持人才、激励人才的工作情况纳入创新型企业、高新技术企业认定等资格认定和评比的准入范畴，并与有关扶持政策的执行挂钩。

第三节　优化科技管理体制机制，强化激励作用

科技部门要积极争取各有关部门的支持和配合，重点做好以下几方面工作：

一是调整优化科技计划体系。鼓励省内科技创新领军人才申报国家科技项目、开展国际合作研究。引导省级及以下政府科技计划重点支持发展势头较好、潜力较大的青年科技人才。加强主动设计、提升项目集成、避免过度竞争，进一步提高重大科技专项的资助强度。逐步提高创新团队在科技计划体系中的比重，完善连续稳定的资助、培育机制。适当调低一般项目资助强度，进一步扩大覆盖面，鼓励更多青年科技人员自由探索。在立项过程中，探索"重以前的科研经历，但不苛求未来的技术经济指标"的评审办法，并对"非共识性项目"给予更多的重视和扶持。

二是探索下放科研自主权。保证省重点科技创新团队围绕主攻方

向自主设计项目、自主引进培养青年人才的权利。以团队经费管理为试点，大幅提高科技经费用于人员培养、激励的比例，并逐步向其他经费管理领域推广。允许科研人员自主决定项目的研究时限；允许科研项目负责人在规定的范围内，自主决定科研经费的使用；允许项目负责人自主决定项目研发团队成员的聘任，所聘人员可采取协议工资制，其工资可从项目经费支取，不受本单位现有编制、工资总额限制。

三是改进科技评价办法。避免"过度量化导致僵化"的倾向，把评价重点从"重数量"转为"重质量"，把标志性成果的质量、经济社会效益作为评价科研绩效和人才水平的主要依据。积极探索根据不同的专业性质和研究方向合理确定考核年限的方法，不搞一刀切。进一步宽容失败，宽容学术研究的准备期与休眠期，改进、优化各类评审的程序和方式，充分发扬学术民主。

四是健全科技投融资体系。全面推进科技信贷、创业投资、科技保险、知识产权质押融资、科技银行、科技担保等方面的工作。积极探索科技金融结合的机制和途径，创新和推广科技金融产品，大力扶持青年科技创业，优先孵化青年科技型企业家、青年海归科技人才、大学生创办的科技型企业。

五是加强科研学术诚信体系建设。建立省级科技信用制度、建设协调机制和科技人才信用评价机制。健全科技管理和科学研究不端行为的监察制度，加强对科研经费的监管和审计工作，逐步将科技信用记录与"省个人联合征信系统"联网，严惩不端行为。

第四节　注重对科技人员的物质激励

没有效率的公平是低水平的公平。薪酬不仅仅涉及创新的回报，也是自身价值的体现，不合理的薪酬分配与需要层次论、公平理论等概念完全背道而驰。建设创新型国家和省份，首先需要建立创新导向的薪酬分配制度。中国科研人员的素质不比欧美国家差，要想让他们成为大科学家、创造出划时代的科技产品，必须要让他们生活得有尊严。从世界范围看，无论是发达国家，还是巴西、南非这样发展水平与我国接近的发展中国家，科研人员的薪酬待遇均明显高于社会平均水平。目前国内、浙江省内的科研人员总体而言待遇仍不够理想，最近实施绩效工资制后，整体收入还有下滑的趋势。比如从最近下达的绩效工资方案看，浙江省一级科研院所的平均工资总额仅 6 万左右，与往年实际收入相比明显下降，而 2011 年全省城镇居民人均可支配收入（这是指可用于最终消费支出和其他非义务性支出以及储蓄的总和）是 30971 元，两者相差仅 1 倍左右。较低的收入不仅不能吸纳和激励人才，而且较重的生活负担往往使科技人员为了生存而消耗大量的精力，不能集中精力搞研发。所以，提高科技人员的薪酬待遇，让他们有一个理想的生活环境，安心科研，健康成长，是抓科技工作和人才工作的第一要务。

具体来看，这个问题可以考虑通过多种渠道加以改进。一是增加科研机构的人头费，提高整体的薪酬水平。二是在增加科研经费总量的同时，优化支出结构，增加对人力资本的直接投入。今后在科研经费的使用和管理上，要进一步解放思想，转变"重物轻人"的观念，开大前门，关紧后门。科研经费在支出管理上既要显著提升人才培育费、劳务费以及奖励性开支等人员开支的比例，又要严格审计、严格信用管理，最大限度地提高违规的风险成本。三是强力推动使用财政资金研发的成果进入生产领域，深入推进技术要素参与收益分配，破除职务发明成果转化收益分配中所谓"国有资产流失"等陈旧观念和制度桎梏（如江苏南京新出台的《深化南京国家科技体制综合改革试点城市建设，打造中国人才与创业创新名城的若干政策措施》规定：科技人员职务发明成果转化收益最高95%归个人），对使用财政资金研发的成果可规定成果转化期，避免单位对成果的无限期"束之高阁"，使科技人员在成果转化、收益放大的过程中迅速致富。四是健全社保体系，放开对人才流动的限制，是人才在创新创业中提高收入。比如，针对科技人才在事业单位大量沉淀的现状，可允许工作满一定年限的事业单位科技人员提前退休服务企业，可引导事业单位鼓励科技人员领办、参办企业，把科技创业、服务企业的绩效纳入年度考核。

第五节　注重对科技人员的精神激励

　　科技人才具有自主性、创造性、流动性、成就性、挑战性强、不崇尚权威等群体特征，与创新倾向较弱的那部分人相比，具有较高的个人素质和专业知识，有强烈的个性和自我实现的需求，高度重视成就激励和精神激励。因此，无论政府还是用人单位，都应当注重对科技人才的精神激励。

当前在政府层面，在压缩各类评奖的同时，应当对激励创新创业"网开一面"。从政府管理和经济学角度看，这也是充分运用行政资源，低投入、高产出、高回报的一项措施。比如，山东省新设立和评比出了"山东省优秀创新团队"，对获奖团队记集体一等功，并在出国培训、医疗待遇、带薪休假方面给予倾斜和配套奖励。今后，浙江可以借鉴其他省市的做法，在严格程序的基础上，充分运用评比奖励手段，激发科技人才创新创业。

第六节　注重对科技人员的评价激励

一、转变评价方向

当前对于科技成果的评价往往以科研活动所产生的论文数量、论文发表的杂志层次及论文引用率作为评价标准，并有诸多各种形式的评审活动。不可否认，这种科技成果评价制度有力地促进了科技论文数量的增长和质量的提高，对国家科研水平的提升起到了推动作用，但是这种评价制度过于形式化的特征使其不利于让真正具有创新价值的科研项目的脱颖而出，也会导致科研领域急功近利的短期行为，不利于有长期收益和创新价值高的基础性和前沿性科技项目的出现。应把评价重点从"重数量"转为"重质量",把标志性成果的质量、效益作为评价科研绩效和人才水平的主要依据。

二、设计合理的评价周期

评价周期设置不宜过长也不宜过短。如果评价周期过长,一方面评价结果会带来严重的"近因效应",从而给评价带来误差;另一方面将使科技人才失去对绩效考核的关注,最终影响考核的效果。如果评价周期太短,一方面将导致考核成本的增加,最直接的影响就是各部门的工作量增多,另一方面由于工作内容可能跨越考核周期,导致许多工作表现无法进行评估。因此,应根据不同的专业性质和研究方向合理确定考核年限,不搞"一刀切"。

三、严控创新过程,宽容失败结果

创新是一个系统的过程,包括基础研究、应用研究、开发研究、生产和销售。技术创新是复杂的系统工程,创新范式不是单一线性单向度确定的,而是非线性多向度多极主体的有机整合,充满诸多不确定性,失败是常态。创新是一个一个具体的活动,失败就是技术创新活动没有达到预期的结果。但失败的原因是多种多样的,为了鼓励想创新者敢创新、创新者坚持创新、后来者勇于创新,对技术创新中那些"好的失败"的宽容是逻辑的必然。在对创新过程进行严格管理的条件下,允许失败。宽容失败的目的是支持失败者"咬定青山不放松"，从失败的颗粒中吸取成功的因子，走向成功。宽容失败也是鼓励创新的一种方式。

四、树立针对性的评价方式

科技活动复杂性、不确定性高。对于不同领域，不同类别的科学研究活动要根据科学研究的发展规律以及科技活动的自身特点，采取相应的评价制度，建构科学合理的评价体系。要以尊重科学发展规律为前提，对于基础科学、应用研究等不同类别的科技活动，实行科技项目分类评价，确定不同的评价目标、评价内容以及评价标准。例如，对于基础性研究和前沿性研究，要以科学意义和学术贡献作为评价重点，突出其创新性；而对于应用性研究，则要以其市场竞争力为标准进行评价。

五、实施多方位的评价

评价要从过去只关注结果转变为关注全过程，各类评价指标体系要逐步引入过程性指标。要探索外部评价和内部测评相结合，既可以由第三方评审机构、专家组进行独立的考核评估，也可以在项目组、科研团队内部进行测评，搜集多角度的评价信息。要积极推进再评价制度，如对评审专家的评审结果进行统计分析和纠偏，对前期评审结果进行追踪、比较，从而建立一种科学的再评价和反馈、纠偏机制。

第七节　注重对科技人员的发展激励

一、推广"职业生涯设计"

科技人才是一种经过高成本教育和工作历练而培养出来的具有创新禀赋的特殊人力资源，工作对他们来说不仅仅是一种谋生的手段，更是成就一番事业、实现自身价值的途径。因此，除了为科技人才提供一份与贡献相称的报酬外，还应健全科技人才的培养机制，为科技人才不断提供更新专业技术知识的学习机会，使其在行业内始终处于领先地位。同时，还应该根据科技人才的技术专长和目标要求，结合组织内部的实际情况，为科技人才设计合理的职业发展规划，使他们有一个明确的职业目标，通过对发展目标的追求来提高技术创新的自觉性。只有推广科技人员"职业生涯设计"，为他们提供挖掘最大潜力和进行创新创业的种种机会，才能使其在工作成就感和自我实现感的满足中焕发出巨大的工作热情。对于科技人才应该实施双轨制的职业发展规划，在单位内部打造职业通道来设置科技行政管理职务和科技专业技术职务两条职业发展道路，让每个科技人才都能找到实现自身价值的最佳发展路径。

二、完善培养体系和机制

按照技术创新和人才工作的要求，应该构建完善的人才培育体系，统筹抓好科技管理人才、科技创业人才、科技研发人才、科技技能型人才、科技服务人才等各类科技人才的引进、培养工作，形成完备的科技人才培育、使用、储备体系。同时，运用高层次科研学术机构的教育资源，吸收一线的杰出科技人才充实师资队伍，科学规划课程设置，建立"浙江创新学院"，逐步把这一载体打造成为传播创新理念与方法、对接创新成果的重要平台。

应以建立学习型企业、学习型研究机构为切入点，推动用人单位加强科技人才的终身学习，并使之规范化、制度化。在法律上规定每一个单位都有责任对其职工进行培训，不断提高劳动者的素质和工作能力。企事业单位应提取适当比例的费用用于职工的培训，政府应鼓励企事业单位设立人才培训计划，允许其投入人力资源培训的经费计入成本并给予税收减免；对于国立科研机构的科研人员，应鼓励其参与国内外学术交流，跟踪本领域内的研究动态，在科研经费、引进人才、学术交流等方面创造宽松的条件。

三、引导用人单位提供良好的创新条件

为科技人才创造宽松的科研工作环境，包括两个方面：一个方面是看得见摸得着的硬件环境，如良好的办公设施、科研设备、交通工

具等。这些硬件环境可以使科技人才工作起来更方便，也可使他们看到单位对自己工作的重视。另一方面是看不见摸不着的软件环境，如和睦的同事关系、组织内温馨的人际关系、信息、知识共享的氛围等。这些软件环境有利于增强内部凝聚力、留住科技人才，也有利于吸引其他人才来工作。

第八节　注重对科技人员的竞争激励

现阶段，竞争激励可以从两个层面来推动。一是大力面向海内外引进高层次科技人才。比如大力引进掌握核心关键技术的海外高端专业技术人才、海外高级工程师和科技创新团队，建立有针对性的评审机制、高强度资助机制和长久性高水平保障机制，对其中达到世界一流水平的人员和团队的资助强度至少达到千万级。通过这一措施，充分激发"鲶鱼效应"。二是在逐步提高社会保障水平、改进评价工作、实施对不同类别科研人员分类管理的基础上，健全以激励创新为导向的用人制度和薪酬分配制度，进一步打破"大锅饭"，拉大分配差距。

第九节　注重对青年科技人才的激励

青年时期既是人才成长的关键期，又是创新创业的"黄金期"。激发青年的创新活力，具有十分重要的战略意义。

浙江省要加强统筹协调、优化体制机制，形成重点关注青年科技人才工作的系统布局，不断采取及早选苗、重点扶持、跟踪培养等特殊措施，在实践中发现青年人才、培育青年人才、锻炼青年人才、使用青年人才、成就青年人才。

要加强舆论引导，营造有利于青年科技人才脱颖而出的社会环境和"宽严相济"的学术氛围。"宽"就是破除论资排辈、求全责备等错误观念，让出科研舞台，不拘一格地选拔年轻人才，倡导学术民主，宽容等待与失败，不急于求成、拔苗助长；"严"就是要给年轻人压上科研重担，在作风和学风上严格要求，帮助他们树立严肃的科学态度、严格的科学作风，探索严谨的科学方法，把握青年特点，因势利导，"扶上马送一程"。

要研究制定专门的政策，落实和强化激励青年科技人才创新创业的措施。积极利用科技金融手段，支持青年创新创业，省级及以下政府科技计划重点支持发展势头较好、潜力较大的青年科技人才。依据"严入口、小规模、重特色、高水平"的原则，设立"优秀青年科技创新人才培养计划"，对服务浙江的青年科技拔尖人才实施3～5年甚至更长周期的跟踪和支持。继续探索和完善加强科技创新团队引进、青年科技人才培养的长效机制，逐步提高省自然科学基金的资金盘子，进一步扩大项目覆盖面。重点依托省自然科学杰出青年和青年科学基金项目，培养青年战略科学家，支持初出茅庐的青年科技人员自主选题和自由探索。

主要参考文献

[1] 高洪方. 中国科技管理体制创新研究 [D]. 南京：河海大学，2007.

[2] 熊丽敏，张康光. 广东省科技人才创新创业环境建设研究 [J]. 中国证券期货，2011（07）：75-76.

[3] 陈丹红. 科技人才激励机制的宏观构建与微观实施 [J]. 企业经济，2006（10）：34-36.

[4] 陈其荣. 诺贝尔自然科学奖与创新型国家 [J]. 上海大学学报（社会科学版），2011，18（6）：1-21.

[5] 杜谦. "造就世界一流科学家和科技领军人才"需要解决的主要问题——对两次科技院所调查问卷中相关问题的分析 [J]. 中国科技论坛，2009（5）：109-113.

[6] 黄群. 德国国家创新体系研究及其创新指标 [J]. 科学对社会的影响，2006（4）：8-13.

[7] 贾学东. 我国科技管理体制改革研究 [D]. 郑州：郑州大学，2004.

［8］徐峰，赵俊杰，文玲艺等．国外科技管理体制形成与发展的特点与启示［J］．科技与管理，2006（05）：105 - 108.

［9］周放．美国创新体系的现状与未来［J］．全球科技经济瞭望，2001（10）：52 - 55.

［10］杜谦．英国创新人才的政策与启示［J］．调研报告，2011（130）：1 - 12.

［11］耿立卿，吴夺．对人才发展环境的哲学思考［J］．沈阳师范大学学报（社会科学版），2005（1）：57 - 59.

［12］南京理工大学经济管理学院课题组．技术创新中政府管理职能的定位［J］．科技与经济，2001（4）：1 - 4.

［13］刘大椿，黄婷，杨会丽．论需要公共政策应对的科技发展问题［J］．中国人民大学学报，2011（6）：1 - 9.

［14］娄伟．我国高层次科技人才激励政策分析［J］．中国科技论坛，2004（6）：139 - 143.

［15］赵刚．美国创新战略及对我国的启示［J］．时事资料手册，2011（2）：12 - 15.

［16］汪凌勇．美国科技体制的历史演变及特点［J］．科技政策与发展战略，1995（3）：1 - 4.

［17］张晓娟．美日国家创新体系经验借鉴研究［J］．现代商贸工业，2011（10）：101 - 102.

［18］杨省贵，顾新．区域创新体系间创新要素流动研究［J］．科技进步与对策，2011（23）：60 - 64.

［19］张萌，高鹏．青年科技人才激励问题研究——以中国科学

院的实践为例 [J]．华东经济管理，2009 (12)：134 – 136.

[20] 李志，向征．企业科技人员激励策略的研究 [J]．科技管理研究，2003 (4)：123 – 126.

[21] 陈其荣．诺贝尔自然科学奖与创新型国家 [J]．上海大学学报 (社会科学版)，2011 (6)：1 – 21.

[22] 王卫东．转型期区域创新体系中的政府职能定位于完善 [J]．三江论坛，2009 (9)：17 – 19.

[23] 向征，李志．中小民营企业科技人员激励管理的实证研究 [J]．科技管理研究，2006 (6)：134 – 136.

[24] 孙颖．议高科技人才激励制度的人本主义改革 [J]．科技创业月刊，2007 (5)：117 – 118.

后　记

党的十九大报告指出，人才是实现民族振兴、赢得国际竞争主动权的战略资源。未来，在深化供给侧结构性改革、激发各类市场主体活力、实现高质量发展方面，人才无疑是城市发展最关键、也是最急缺的资源。2020年4月，习近平总书记考察浙江时提出了"要努力成为新时代全面展示中国特色社会主义制度优越性的重要窗口"。激发战略性新兴产业科技人才创新创业的动力机制也是浙江展示"重要窗口"的一个重要方面。对标习近平总书记赋予浙江的新目标新定位，浙江必须深入实施人才强省、创新强省发展战略、紧扣数字经济"一号工程"，以凝心聚力打造全球人才蓄水池为目标，围绕打造"互联网＋"、生命健康和新材料三大科创高地，建设三大人才高峰，以"六大引培行动"为抓手，全力实施科技创新人才队伍推进计划，全方位引进一批海内外"高精尖缺"人才，高质量培育一批科技人才和团队，改革完善体制机制，造就一支高端人才密集、结构素质优良、竞争优势凸显的科技创新人才队伍，为全面提升创新策源能力和高质量发展提供动力源泉和硬核力量，为"两个高水平"和"重要窗口"建设提供动力源泉和硬核力量。